# 印刷工程
# 卓越创新人才培养
# 实践与成果

U0155927

杨永刚　　编著

YINSHUA
GONGCHENG
ZHUOYUE CHUANGXIN
RENCAI PEIYANG
SHIJIAN YU CHENGGUO

文化发展出版社
Cultural Development Press

·北京·

**图书在版编目（CIP）数据**

印刷工程卓越创新人才培养实践与成果 / 杨永刚编
著. — 北京 ：文化发展出版社，2023.1
ISBN 978-7-5142-3643-9

Ⅰ．①印… Ⅱ．①杨… Ⅲ．①印刷工业－人才培养－
研究－中国 Ⅳ．①TS8

中国版本图书馆CIP数据核字(2021)第261706号

# 印刷工程卓越创新人才培养实践与成果

杨永刚　编著

出 版 人：武　赫
责任编辑：李　毅　杨　琪　　　责任校对：岳智勇
责任印制：邓辉明　　　　　　　封面设计：韦思卓
出版发行：文化发展出版社（北京市翠微路2号 邮编：100036）
发行电话：010-88275993　　010-88275710
网　　址：www.wenhuafazhan.com
经　　销：全国新华书店
印　　刷：中煤（北京）印务有限公司

开　本：787mm×1092mm　1/16
字　数：274千字
印　张：16.75
版　次：2023年1月第1版
印　次：2023年1月第1次印刷

定　价：65.00元
ISBN：978-7-5142-3643-9

◆　如有印装质量问题，请与我社印制部联系　电话：010-88275720

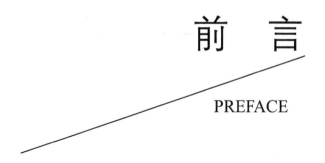

# 前　言

PREFACE

　　2010年6月，教育部在天津大学启动"卓越工程师教育培养计划"，旨在面向工业界、面向世界、面向未来，培养造就一大批创新能力强、适应经济社会发展需要的高质量各类型工程技术人才。北京印刷学院印刷工程专业第二批成为教育部"卓越工程师教育培养计划"试点专业，并于2012年底组建了毕昇卓越班，拉开了学校培养卓越创新人才的序幕，也对国内兄弟高校同类专业的建设与发展，起到了良好的辐射示范效应。

　　本书围绕学校卓越工程师计划实施，主要介绍了五年来印刷工程专业在人才培养、创新创业、教育改革和实践平台建设等方面所取得的经验和成就，系统总结和分享了卓越创新人才培养机制、产学合作协同育人、实践教学与创新创业教育、印刷文明传承与印刷文化研究、新工科建设与印刷教育国际化等方面的教学实践过程、学生实习实践成果和教学改革研究。这既是对学校印刷工程卓越计划十年工作的回顾与总结，也是加强"卓越工程师教育培养计划2.0"辐射、引领作用的重要基础。本书对学校立足首都、面向行业开展特色型工程专业教育能起到积极的促进作用，也将对学校培养行业急需的卓越创新人才、建设高水平特色型大学提供有益的参考。

　　本书由北京印刷学院2015年教学改革重点项目（印刷工程专业"卓越工程师教育培养计划"实习实践教学模式的探索与完善）资助出版。

杨永刚

2021年12月

# 目　录

CONTENTS

# 第一章　印刷工程实践创新人才培养

# 第一节 印刷工程（毕昇卓越班）拔尖创新人才培养机制

## 一、印刷工程（毕昇卓越班）概况

印刷工程专业是北京印刷学院的骨干专业，创办于 1958 年，先后入选北京市品牌专业、教育部第二类特色专业建设点、北京市特色专业、教育部卓越工程师教育培养计划试点专业、北京高校"重点建设一流专业"、教育部"双万计划"国家级一流本科专业。

"卓越工程师教育培养计划"是教育部于 2010 年 6 月启动的一项高校重大改革计划，主要目标是面向工业界、面向世界、面向未来，培养造就一大批创新能力强、适应经济社会发展需要的高质量各类工程技术人才。在教育部和中国工程院发布的《本科工程型人才培养的通用标准》指导下，以教育部原印刷包装教学指导委员会发布的《印刷工程专业规范（讨论稿）》为基础，结合印刷工程专业特色与人才培养定位，印刷与包装工程学院于 2011 年 5 月制定了北京印刷学院印刷工程专业（本科）卓越工程师教育培养计划，基本思路是采用校企联合培养模式，把工程师培养分为校内学习三年和企业学习一年两个培养阶段。其中企业学习阶段，按照学生在企业学习期间的培养目标、培养要求和相应的培养体系，学习企业的先进技术、先进设备和先进企业文化，为培养掌握印前、印刷、印后加工各个领域技能的、专业的卓越工程师奠定基础。

2012 年 2 月，北京印刷学院本科专业印刷工程获批教育部第二批"卓越工程师教育培养计划"（以下简称"卓越计划"）试点资格，同年 11 月，学校发布了"卓越工程师教育培养计划实施方案"，12 月，面向主体为 2011 级印刷工程专业学生，开展了卓越计划的学生选拔，"卓越计划"试点班——第一届"毕昇卓越班"组建并举行开班仪式，标志着学校高层次创新人才培养工作进入了更高、更新的发展阶段。近 10 年，在"卓越计划"实施的进程中，北京印刷学院印刷工程专业积极参与北京市和教育部教学质量工程建设，为计划的开展搭建平台、拓展资源，并投入优秀师资力量，创造良好的学习氛围，加大企业参与实践教学的力度，不断改革和探索工程教育人才培养新模式，专业建设成绩喜人。专业获批北京高等学校示范性校内创新实践（基地印刷包装综合实践创新基地/2016 年）、中央财政支持地方高校发展专项（2017 年）、教育部首批新工科研究与实践项目（2018 年）、北京高校"重点建设一流专业"（2018 年）、教育部"双万计划"国家级一流本科专业（2018 年），还获得 2017 年北京市高等教育教学成果奖二等奖 1 项、2020 年北京市科学技术进步奖二等奖 1 项，专业教师领衔的"北京印刷"团队荣获全国第四届"中国创翼"创业创新大赛二等奖，其项目获得2020 年度"全国创业创新优秀项目"称号。

# 二、人才培养定位与培养方案改革

## 1. 人才培养定位

毕昇卓越班的发展与学生培养，建立于数字信息再现理论、材料科学理论、印刷复制技术、数据统计和分析方法四大知识架构之上，旨在培养适应印刷应用的相关行业，面向未来发展的需求，同时具备能够引领行业发展方向的综合素质人才。通过与行业、企业密切合作，着眼培养学生的工程意识、工程素质与工程实践能力，以及对新知识、新技术的快速适应能力。

毕昇卓越班所培养的人才，能够系统掌握印刷工程专业的基本理论知识和技能，具备数字图文信息处理与呈现的能力、图文呈现质量评价与控制的能力、不同材料应用的工艺设计能力以及应用数据进行成本和趋势分析的能力与全局发展观，从而具有较强的实践能力和创新精神。

## 2. 培养方案的改革

针对毕昇卓越班，制定了不同于普通班的培养方案。该班同学以印刷专业综合素质的培养为目标。为了适应未来智能化生产与经营，以及印刷企业面临的转型需要，知识架构中增加了数据处理能力、管理理念以及数字媒体等方面的内容。授课方式以小班授课的形式为主，强调工程实践能力培养，强调校企深度合作。

其实践环节，强调在校的印刷模块化实践训练，并引入"创意印"学科竞赛，旨在倡导实践环节、新技术、产品设计相结合的过程控制与训练，目前正在逐步推进将"创意印"产品设计与企业印刷实践过程相结合。

毕昇卓越班培养方案在2012年形成之初，以"为印刷包装企业工业化发展，培养造就一批创新能力强、适应经济社会发展需要的高质量印刷包装类工程技术人才，促进印刷包装高校面向社会需求培养人才"为目的，其核心目标是"以印刷复制技术相关的知识体系为基础，注重印刷工艺设计能力的培养，面向传统印刷模式和产业需求"。2015版培养方案定位在"培养以系统掌握印刷工程专业的基础信息理论知识和复制技术为核心，主动适应信息多样化应用的社会发展需求和国家经济建设，适应印刷行业当前需要，并能够引领行业发展方向的高级专业人才"，将以信息处理为基础的信息复制产业的需求纳入其中，即培养针对各种媒体输出方式的信息加工技术的应用能力，以适应现代印刷模式和产业的人才需求，并在其中融入"大印刷"的理念，细化并明确了课程体系，同时添加了应用数据进行成本和趋势分析的能力培养内容，旨在引导学生具备产业的全局发展分析观。2015版培养方案，更加贴近"工程教育专业认证标准"的要求，把学生中心、产出导向、持续改进的教育理念贯彻到毕业要求的达成分析与课程体系的设计构建中。

在学校招生改革大背景下，毕昇卓越班2020版培养方案又作出重大改革调整，为了适应轻工大类招生与培养的需求，印刷工程（含毕昇卓越班）、包装工程以轻工大类招生模式进入到学校学习，前三个学期为大类培养阶段，没有专业之分，第四学期起专业分流至印刷工程或包装工程，也可在第三学期直接转专业申请至其他大类学习。同时，2020版培养方案总学分压缩了10个学分，且把以前的三大概论课"印刷概论""出版概论""设计概论"由以前的公共选修课（限选）调整为通识教育必修课，加强了工程技术理论的教学和复合应用能力的基础培养。在保证满足专业核心课的30～36个学分的学习之外，选修课面向大类或专业所有学生开设，不设专业方向，降低专业课学分与学时，把更多的时间用于保证实践教学环节的开展及创新应用能力的训练。更大的亮点是制定了个性化辅修方案与之相配套，以促进学生的分层分类培养。辅修学分可以替换选修课学分，使学生有更大的专业学习选择余地，实现跨学院、跨专业学习，但学习压力并不增加。印刷工程（毕昇卓越班）2021年首次面向全国单独招生，开始了印刷工程创新人才培养的新阶段。

总之，从 2011 级本科生开始，到目前的 2021 级，印刷工程毕昇卓越班已走过了 10 年的发展历程，约 250 名学生顺利毕业，它在改革中创新发展，在发展中走向卓越。

# 三、课程体系与教学方法改革

## 1. 理论课程体系改革

在毕昇卓越班近四年的建设过程中，根据培养目标，并结合教学实际，北京印刷学院重新界定并修正了课程体系。目前的专业课课程体系划分为数字信息再现理论、材料科学理论、印刷复制技术、数据统计和分析方法四大模块，旨在培养以印刷复制应用为目标的知识和能力结构。

在课程体系的必修课中，将图文原理与文字排版课程分离，并在排版课程中添加了跨媒体的数字媒体排版内容；在图文原理课中，添加了 3D 扫描的相关内容。这两部分内容原来共同存在于"图文信息处理与复制技术"，目前分为两门课"图文信息描述与复制原理"和"跨媒体页面设计与技术"。

为了提高学生在企业管理和数据分析方面的素质，毕昇卓越班设置了"管理运筹学"和"互联网数据挖掘与分析"课程，并增设了"数字音视频技术""智能化产品加工技术"等选修课程，以拓展学生的知识领域。

## 2. 实践教学改革

实践环节，毕昇卓越班强调实例实作过程，以落实学生所学理论与实际生产过程或产品加工的联系，其培养方案设置了三门很有特色的实践课程，并要求适合的企业做较大的投入。这三门课程为"数字交互媒体制作"实践课程、"色彩管理"实践课程、"印刷工艺"实践课程。

"数字交互媒体制作"实践课程，由北京尚易九州科技有限公司主导，从项目规划、团队合作、制作技术、方案及效果评价等方面，切实地引导学生在制作手机 App 交互媒体过程中，不仅需要考虑设计方案的美观性，还需要考虑设计方案的应用合理性，以及关注用户体验等开发要点。让学生体会到图文排版技术从静态到动态，从纸媒体到跨媒体的变革现状，以及所学图文排版知识在新媒体环境下的应用方式。

"色彩管理"实践课程，由北京今印联图像设备有限公司主导。今印联公司图像部是专业向相关行业销售色彩测量设备和软件工具的部门。他们建立了适应当前色彩管理企业版应用的体验工作室。将学生放入这个体验室中，由今印联公司负责技术的工作人员有针对性地对学生的实践环节进行指导，并由印刷工程专业从事色彩管理方面教学的教师进行监控与评定，不仅教学方法生动，而且促进了学校培养与企业需求的结合。

"印刷工艺"实践课程以学生设计并加工印刷产品为目标。该课程为期二周，旨在将印刷产品设计、印刷及印后加工过程融为一体。该课程与北京品高纸制品有限公司紧密合作，学生设计的产品到该公司进行加工，公司的各种印后加工设备可以给予全力支持。在学生开始设计制作印刷产品之前拟定了下面几个授课内容：①由北京金冠方舟纸业物流有限公司的销售技术人员讲解市场纸张及应用；②由北京至锐盛通科技发展有限公司的销售技术人员讲解市场油墨应用特征；③由北京1201印刷厂的质检人员讲解印刷流程管理及印刷品质量评价；④由北京艺典华章文化科技有限公司的技术人员讲解书刊设计与印刷的关系；⑤由北京品高纸制品有限公司的技术人员讲解纸盒及书刊印后加工实践工艺。在这些企业人员将他们对市场的理解和经验介绍给学生的同时，学生开始自行设计印刷产品的实践环节，增强了设计产品和处理工艺的可行性，并一定程度地了解到成本控制的相关方法。

在举办相关活动的同时，北京印刷学院力推"创意印"印刷学科竞赛，吸引有兴趣的同学参加，拟推进培养知识体系定位中的以媒体制作技术为目标、以面向材料和印刷工艺的配合为目标、以产品表面处理和成型加工为目标的三大目标的选择，为学生未来的发展奠定坚实的实践基础。并且，该活动已经与北京顶佳世纪印刷有限公司、北京尚易九州科技有限公司进行了合作。这两家公司将企业的创新产品需求推介给学生，并对实施过程进行引导。

在实践教学方面，规划了校内和校外深层次结合的教学方式。在校内，毕昇卓越班与普通班的学生享有共同的教学条件。相对于普通班，毕昇卓越班更偏重于小班授课形式。校内的专业基础实习，包括印刷认识实习和长达一年的印刷专业实习过程。此过程根据学校实习培训基地的设备和工艺情况，设计了四个模块，由学生按规定课时进行，并按模块进行考核，目的是帮助学生接触真实生产过程，并提高动手能力。北京印刷学院建立与校外公司的合作关系，丰富了毕昇卓越班实践环节的内容。校外公司定制课程，以及引入与行业接轨的课程内容；校外还有长达三个月的印刷企业实践。自 2008 年以来，北京印刷学院先后建立北京雅昌彩色印刷有限公司、汕头东风印刷股份有限公司、北京奇良海德印刷股份有限公司、北京今印联图像设备有限公司、艾利（昆山）有限公司、东莞永发印务有限公司、深圳裕同印刷包装有限公司、中荣印刷集团公司、福建南王环保科技股份有限公司和四川汇利实业有限公司等近 30 家校外实践教育基地，安排学生生产实习及毕业实习，在这三个月里，学生深入到企业，体验企业的日常工作。青年教师也借此在企业锻炼和科研成果转化等方面开展了卓有成效的工作。

### 3. 教学方法改革

关于实践环节和企业参与度的问题，是"卓越计划"的关键之处，也可以称为特色之处。根据当前学生的总体特点，以及当前印刷企业面临转型危机、高端人才缺乏的现状，将 35 名学生长时间地放在企业中进行实践锻炼的确不是一种适当的方法。学校对于实践环节的监督与企业市场应用经验如何有效地结合，也是需要深度思考的问题。

毕昇卓越班选拔的学生，虽然在本专业、本年级中具有相对较好的素质，但他们学习的主动性、在艰苦环境中的坚持性以及对未来的期望与现实的差距造成的心理落差，都是不可忽视且需要在培养中把控的方面。将学生放入企业自主学习，只适合具有明确目标、自我定位准确而又理智的学生。所以，学校的引导和扶持是他们成长过程中或是"卓越计划"中十分必要的环节。

在培养方案中将原本三年级开始的"印刷实作工程训练"课程设置在二年级至三年级期间进行。学生可以根据所选课程的特点，合理分配实习时间，以完成本课程模块化学习过程。该课程要求学生进行印刷机操作、专色配墨、SHOTS模拟软件操作、印后折页和装订四大模块的专业训练和考核。因为实习期同步开设印刷工艺和印后加工课程，所以增加了理论教学与实践应用相碰撞的机会，有利于学生深度体会理论知识，并付诸应用。

目前，针对毕昇卓越班的学生推行导师制。有意向的导师申报后，由学生根据兴趣方向选择导师，导师承诺在相关的研究计划中吸纳学生参加。通常，毕昇卓越班的学生在第二学年时，开始进入导师的研究计划，以提升他们的科研能力。

学生未来的就业目标，涉及印刷应用的各个行业，以应对印刷产业的转型。毕昇卓越计划旨在为印刷工程专业培养多样性服务的应用型人才，这既可最大限度地贴合学生的兴趣，又有利于扩大印刷技术的影响面，从而推动学校的特色和影响力。

## 四、师资队伍建设

### 1. 毕昇卓越班教学对教师能力的要求

毕昇卓越班教师的选择，以具有多年实践经验、教学水平高的教师为主。对于知识结构中需要由外系教师规划的课程，则会提前与相关教师沟通课程内容，并提出教学要求：要融合学生的知识背景或是与印刷企业相贴合，力促最合理的教学状态。对于外聘的企业教师，会提前与企业协调课程内容与上课形式，及时沟通教学效果，从而达到最有利于学生学习的目的。

### 2. 毕昇卓越班教师的引进与在职培养

在教学团队方面，毕昇卓越班依托印刷与包装工程学院的相关教师，并以北京印刷学院其他院系相关知识结构的教师和企业导师作为补充。目前并未设置专门的教师，也没有针对性地引进教师，而是在现有教师队伍中挖掘最合适的教师进行课程规划与讲授。

### 3. 兼职与校外导师队伍建设

针对校外导师，从两个方面进行工作：针对与企业合作的课程或聘请来校为学生办讲座或授课的教师，由校内课程教师把关，沟通课程或讲座内容和上课形式。

为了有效保障毕昇卓越班的生产实习和毕业实习的质量，促进校企合作及人才培养的联动机制，北京印刷学院印刷与包装工程学院已连续两届在行业优质企业中邀请技术、产品和质检等方面的工程师或业务骨干担任企业导师，实施一对一或二对一的实习管理模式，以项目实施、产品跟踪为主线，有序开展校外实习。

## 五、人才培养国际化

人才培养国际化是北京印刷学院正在规划并着力推动的环节。目前已经实施的方法有以下五种：一是邀请国外专家举办讲座。已经被邀请并举办讲座的有来自瑞典、德国、美国、日本等国家的学术及行业专家。二是在毕昇卓越班的课程中，推进双语教学或英语教学的进程。从 2020 版培养方案起，毕昇卓越班的三门核心课改为双语授课模式。三是鼓励英语水平高的学生参加雅思或托福考试，尽快加入学校对外交流的节奏中。四是美国加州州立理工大学教授来校开展了两期专业课暑期英语授课，疫情防控期间，又以线上授课模式开展了两期，效果很好。除毕昇卓越班的学生外，也接受普通班有能力的学生报名参加。并以此促进学生获得到该校进修硕士学位的机会。五是毕昇卓越班与学校国际教育学院的印刷工程或相近专业的留学生开展学术沙龙，或基于印刷科技与教育的中西文化交流及座谈。

# 六、政策支持与保障

## 1. 学籍管理

目前，北京印刷学院制定了《毕昇卓越培养方案学生培养管理办法》，其中包括学生的遴选办法、人员增补与退出机制等方面。毕昇卓越班遴选条件如下。

（1）进取心强，学业优秀；

（2）动手能力强，具备卓越工程师的培养潜质；

（3）对印刷相关实践环节有较强的好奇心；

（4）立志成为引领行业发展的高端人才。

毕昇卓越班学生是从印刷与包装工程学院每年大一学生中选拔出来的。从 2011 级到 2020 级，依照自主报名、学业能力和平时表现，通过面试挑选 30～35 名学生进入毕昇卓越班。2021 年，毕昇卓越班实现了面向全国单独招生，一本一志愿录取率位居全校各大类专业之首。

## 2. 政策制度与经费保证

二级学院领导从毕昇卓越班宣讲，组织资格审查、面试，以及学生培养各环节，包括实践企业的选择、工作和科研机会的推荐、优秀教师的配置等方面，都给予最大的政策支持，并一直关注卓越工程师计划的实施和发展。

作为学校的三大特色班级之一，毕昇卓越班从 2013 年开始，每年会有一定经费的支持，用于购置设备、撰写教材、外出交流、企业授课、企业实习、教学材料费等方面。

基于上述条件，在培养方案的课程设置中，除了对实践能力的重视，更加重视新技术、新知识的吸收能力，以及跨行业的复合型应用能力。这样才更有可能培养出符合《中国本科工程教育认证标准》的思想活跃、前瞻性好的高端实践型创新人才。

# 第二节 校企合作推动协同育人

## 一、"印刷包装综合创新实践基地"入选北京市校内创新实践基地

2016年1月11日，北京市教委公布了2015年北京高等学校示范性校内创新实践基地建设单位名单，北京印刷学院"印刷包装综合创新实践基地"顺利通过评审，成功入选北京高等学校示范性校内创新实践基地建设单位。这是学校第二个北京市级校内创新实践基地。

印刷与包装工程学院在本次申报过程中，整合印刷与包装优势资源，为学生开辟的创新实践场所，以真实的实训环境培养全产业链复合型人才、以多样化的学科竞赛培养工程应用型人才、以深度的科研训练培养创新创业型人才等理念开展本科实践创新教育，搭建了校内创新实践公共平台，实现了第一课堂与第二课堂的无缝衔接，促进了理论教学与实践教学的有机融合，切实提升了学生的学习能力、实践能力和创新能力，形成了以真实的实训环境提升学生实践动手能力、以学科竞赛活动提升学生自主学习能力、以科研实践提升学生自主创新能力、以创新创业活动培养学生创业意识的办学特色，同时，结合大学生科研和学科竞赛、创新创业活动的需要，有计划、有组织地开展丰富多样的大学生创新实践活动，学生参与度较高。

学校将以此为契机，继续加大专项经费投入，加大基地建设力度，完善基地运行机制，积极探索创新型人才培养的有效模式，按照"突出创新、注重特色、开放共享"的原则，不断推进校内创新实践基地建设，充分发挥基地的示范和辐射作用。

# 二、印刷与包装工程学院紧扣行业特色 创新人才培养新模式

　　为了落实招生培养与就业联动机制，印刷与包装工程学院（以下简称"印包学院"）稳妥推进实践基地建设和生产实习工作，引领特色专业和课程综合改革，不断创新人才培养新模式。近五年，印刷与包装工程学院以就业为导向，开拓了一批实习实践教育新基地，如汕头东风印刷股份有限公司、中荣印刷集团公司、广州人印股份有限公司等，为组织生产实习和学科竞赛培训奠定了坚实基础，带动了校企的深度合作。每年暑期开始，印刷与包装工程学院集中派遣100名左右的大三学生前往有合作关系的企业开展实习，学校和企业共同制定生产实习方案和考评办法，双方配备实习导师全程跟踪指导与管理学生实习，以企业项目攻关、全印刷流程轮岗锻炼、顶岗实习强化实操等多种手段开展暑期生产实习，进一步引导学生在实习单位完成毕业设计，并与企业签订就业三方协议，走出了一条理论学习与企业实践、就业无缝衔接的人才培养新途径。

　　2016年10月底至12月初，为了务实洽谈学科竞赛、实习实训、毕业设计、学生就业和青年教师下企业锻炼等校企合作议题，印包学院又走访了印刷、包装产业相对发达的长三角、珠三角等地区的若干家企业，积极调研和交流，对接企业资源，推介毕业生并落实生产实习任务，取得了圆满的预期效果。很多学生由被动应付完成实习变成积极而为，按照"实习、毕设和就业一条龙"的思路参与实习，主动性大大提高。

印刷与包装工程学院调研浙江印刷集团和中荣印刷（昆山）有限公司

印刷与包装工程学院教师前往虎彩印艺股份有限公司和浙江天天虹特种纸业有限公司参观交流

印刷与包装工程学院是北京印刷学院（以下简称"北印"）龙头骨干学院，拥有印刷工程国家级特色专业（也是教育部实施的"卓越工程师"教育培养计划试点专业）、包装工程北京市级特色专业，建有印刷包装综合创新实践基地（市级示范性校内创新基地）、印刷工程综合训练中心（市级实验教学示范中心）、北京雅昌艺术印刷有限公司实训基地（市级校外实践教育基地），还拥有印刷包装材料与技术北京市重点实验室、北京市印刷电子工程技术研究中心。印包学院教学、科研和创新实践平台资源丰富，在"互联网＋印刷包装"的新时代，始终秉承为行业培养具有专业综合素质和创新精神的应用型高级专门人才的光荣使命，紧跟社会发展步伐，紧扣行业特色，不断寻求突破，逐步走出人才培养的新路子。

## 三、北印与大工包装公司共建校外实践教育基地

2017年9月22日，北京印刷学院与大工纸制品包装（北京）有限公司举行校外实践教育基地签约暨揭牌仪式，标志着该公司正式成为北京印刷学院校外实践教育基地。

大工纸制品包装（北京）有限公司（以下简称"大工包装"）创始人李东、副总经理梅勇、副总经理罗智仁、总工程师周杰、项目主管魏金龙、项目主管周冲，北京印刷学院教务处领导，印刷与包装工程学院党委书记刘尊忠、副书记杨珂、包装专业负责人以及学生实习就业负责人等，共同出席了签约和揭牌仪式。

**双方座谈交流**

签约仪式由刘尊忠主持，校企双方分别代表企业和学校致辞，并共同签署了战略合作协议书。随后，举行北印校外实践教育基地揭牌仪式，双方代表共同见证了这一重要时刻。

本次校外实践教育基地协议的签署和揭牌，是落实学校教务处优势专业建设的重要举措，通过校企强强联合，不仅为学校包装及相关专业学生提供了一个加强实习实践的教育基地，而且可以将教师科研工作与大工包装的多样化行业需求相结合，为学校师生的"双创"活动搭建良好的平台。

签约暨揭牌仪式结束后，在大工包装公司领导的陪同下，北印全体人员参观了公司各生产车间的生产情况，并就落实协议各项内容进行了现场交流。

附：大工纸制品包装（北京）有限公司简介

大工包装公司位于北京大兴区黄村镇，公司拥有全自动化的覆膜机、皮壳/裱衬机和精装盒成型机等行业内先进的包装制品成型加工全套装备。在精装盒，食品保健品包装，烟酒类包装和高档、异型礼品盒包装制作方面，拥有多年的技术积累和较大的行业影响力。

# 四、北印与中荣集团签署合作协议并举行校外教育实践基地揭牌仪式

为抓住京津冀协同发展重要战略机遇，进一步加强校企合作，开拓校外教育实践资源，切实推动一流专业建设，经过三年多的深入合作和友好协商，2017年6月9日，北京印刷学院与中荣印刷集团股份有限公司产学研合作协议签署暨校外实践教学基地揭牌仪式在天津中荣新厂区举行。

签约仪式现场

校企双方签署了合作协议，学校为天津中荣印刷科技有限公司负责人杨建明颁发了兼职教授聘书，并共同为北印校外教育实践基地揭牌。印刷与包装工程学院负责人和相关教师及赴中荣实习学生代表近20人出席了签约仪式，天津市包装技术协会秘书长、中荣集团领导团队和天津中荣北印管培生代表见证了签约。签约暨揭牌仪式由中荣印刷管理培训学院办公室负责人主持。

签约暨揭牌仪式上，杨建明致欢迎词，他表示对北印师生一行到访中荣集团天津中荣印刷科技有限公司并出席签约仪式表示热烈欢迎。他详细介绍了中荣集团及天津中荣的发展历程、发展现状、产品生产研发情况及集团发展前景，并重点介绍了中荣印刷管理培训学院设置开办的背景、肩负的历史使命、人才培养模

式以及下一步加强与北印开展联合培养人才的设想，并再一次欢迎北印学子加入中荣集团，参加中荣印刷管理培训学院的学习和培训。

学校教务处负责人致辞，介绍了学校的基本情况、学科专业建设情况、合作办学情况等，希望加强学校与企业之间在学生联合培养、科技创新及联合攻关、员工培养等方面的合作，推动双方合作共赢。天津市包协领导在发言时指出，在当前京津冀协同发展的大背景下，北京印刷学院与中荣集团的合作，将为京津冀地区培养出更好更适用的印刷包装人才，为推动地区印刷包装事业的发展做出巨大贡献，并对双方签署合作协议、共建教育实践基地表示祝贺。

签约暨揭牌仪式后，双方还就校企党组织共建、学生实习期间建立临时党支部、专业教师挂职锻炼等事项进行了深入交流，达成了一致意见。座谈结束后，北印师生参观了天津中荣清洁生产车间，对天津中荣的生产现状有了深入了解，为下一步开展产学研合作和学生实习实践奠定了良好的基础。

附：中荣集团简介

中荣印刷，中国印刷百强企业，始创于1978年，总部在中山市，是一家专注于提供纸类印刷包装相关产品的设计、生产和服务的大型包装集团。公司在中山、天津、昆山、沈阳建有生产基地，在香港、广州设有服务公司，形成了立足国内、兼顾海外的市场布局。

公司致力于为客户提供高性价比的包装产品整体解决方案，始终以客户需求价值为重心，通过不断追求技术创新和运作卓越，努力成为国内外中高端品牌持续发展的首选供应商。中荣印刷一直专注于个人护理、电子电器及玩具、化妆品、食品及药品、酒类包装、纸制品六大领域包装印刷业务，积累了丰富的经验，是上述领域国内较知名包装印刷商之一，目前公司为120多家国内外知名企业提供包装印刷服务。

# 五、印包学院与福建南王环保科技股份有限公司共建校外教学实践基地

为了加强校企合作，提高教育教学质量，共同培养印刷与包装专业人才，经

过校友推荐、实习反馈、实地考察，2018 年 6 月 6 日，印包学院与福建南王环保科技股份有限公司（以下简称"南王科技"）举行产学研合作协议签署暨校外实践教学基地揭牌仪式。南王科技常务副总王仙房、人力行政经理彭美华、生产总监谢乐元等领导，以及印包学院党委副书记杨珂、副院长杨永刚、学生就业负责人张福斌共同出席了签约和揭牌仪式。签约暨揭牌仪式由南王科技人力行政经理彭美华主持。

签约暨揭牌仪式上，王仙房致欢迎词，他对北印输送的毕业生在企业的工作表现给予充分肯定。他详细介绍了南王科技的发展历程、发展现状、产品生产研发情况及发展前景，期盼北印人才在南王生根发芽，祝贺校企双方以此为契机在产学研合作方面结出更多硕果。

杨永刚介绍了北印的基本情况、印包学院学科专业建设和校企合作情况等，希望加强学校和企业之间的交流与合作，利用双方的资源，为学生的成长成才创造更好的条件，培养出理论知识扎实，动手能力强的行业人才，为行业的发展做出贡献；加强新技术、新产品方面的合作和研究，力争在成果转化和产业化方面有所突破；根据企业的需求，在企业员工学历提升、综合素质培养等方面开展务实合作。

参观企业产品陈列室并合影留念

签约暨揭牌仪式结束后，在南王科技领导的陪同下，北印教师参观了公司各生产车间、物理检测实验室和研发中心，对公司生产现状、产品特点和市场地位有了更深入了解，为下一步开展产学研合作和学生实习实践奠定了良好的基础。

# 六、印包学院赴北京启航东方印刷有限公司调研

2018 年 6 月 29 日，印包学院党委书记刘尊忠、执行院长魏先福、副院长杨永刚等领导班子成员及包装专业负责人刘全校、北京吾尚国际文化传播有限公司总经理石志敏一行 5 人前往北京启航东方印刷有限公司调研实习实践教育基地建设、"双创"活动开展以及毕业设计联合指导等校企合作事宜。

北京启航东方印刷有限公司（以下简称"北京启航东方"）董事长张洁、总经理朱志启等热情接待了刘尊忠一行。朱志启对北印一行的到来表示欢迎，对学校给予公司的大力支持表达诚挚谢意，期盼校企双方围绕学生实习与就业、教师下厂锻炼、企业员工培训以及科技成果转化等多方面开展全方位、深层次的合作。张洁表示，2018 届北京印刷学院本科生毕业设计作品展开幕式上，她被邀请作为企业代表发言，表明学校对印包学院校企合作实质开展的充分肯定，也是对北京启航东方业务形态和市场业绩的高度认可，公司将秉持"合作优先、互利双赢"的理念，把校企合作工作做得更扎实，更有成效。

双方合影留念

刘尊忠感谢北京启航东方对印包学院学生实习实践和毕业设计等人才培养工作的大力支持，对公司坚持高端出版及邮票印装业务表示赞赏。魏先福指出，北京启航东方对印包学院 2018 届毕业设计作品展以及包装设计大赛给予赞助，这是良好的开端，下一步，双方将在科研合作、一流专业建设和企业人员高级研修等方面积极探索，把校企合作推向深入。

随后,在张洁、朱志启的陪同下,印包学院一行参观了企业车间,认真查看企业的产品,了解各条生产线的工作状态以及公司的印前制版、印后加工制作、仓储物流等重点环节的生产特点及规模。

印包学院了解企业的豪华装高端书籍的制作工艺

附:北京启航东方印刷有限公司简介

北京启航东方印刷有限公司是一家独资公司,于2010年6月正式注册成立,注册资金1000万元。位于北京市大兴区生物医药基地,建有10000多平方米的现代化办公大楼和厂房,北临南六环芦求路出口,东临京开高速、地铁4号线生物医药基地站,交通便利。

公司经过多年的发展,已成为中国集藏品包装生产和电子商务印刷行业的先进企业、中国集邮总公司的邮品定点生产单位等。印前制版采用新型柯达全胜CTP数字制版系统与印刷机群运用海德堡印通印控中心管理;印刷设备采用新型海德堡印通印控CD102四色印刷机、新型三菱钻石3000四色印刷机等世界先进一线印刷设备,全自动上版及印刷色彩自动控制系统;印后全面实现自动化、联动化、智能化,大大地提高了印品质量和效率。UV油墨印刷、广色域、无水印刷、冷烫及混合加网、逆向上光等代表着世界最先进印刷水平的最新技术在公司的集藏品包装生产中广泛应用。

公司通过了ISO9001质量管理体系认证和GB/T28001—2001等国际国内认

证，并按国际标准要求，建立了完善、全面的生产、质量、安全等组织管理体系，全面实现了生产管理智能化和标准化、制版印刷数字化、印后自动化及联动化。

# 七、印包学院走访四川汇利和裕同云创 共商产学研合作新模式

2018年12月3日至7日，印包学院党委副书记杨珂、副院长杨永刚等一行3人，先后来到四川汇利实业有限公司和深圳云创文化科技有限公司杭州事业部，走访了企业的生产车间，同企业进行了座谈交流并同汇利实业有限公司签订了产学研合作协议。

12月3日，在汇利集团相关负责人的陪同下，先后参观了汇利集团旗下大正印务即将投产的新厂区以及目前的生产车间，详细了解了企业的发展情况以及用人需求，探讨了校企双方能够合作的空间。

双方在大正印务座谈

12月4日，在汇利集团总部会议室，校企双方进行了更加深入的座谈并举办了校外教学实践基地签约仪式。印包学院杨珂、杨永刚以及机电学院李岳秋等五人参加了签约仪式，汇利集团董事长沈山、总经理彭启源、行政总监孙超琼等人员参加了签约仪式。在座谈环节，汇利集团从业务、生产、科研、人才需求等方面进行了详细的介绍，并对北印毕业生的能力等方面表示了肯定，希望能与学

校加强交流互动，优势互补，资源共享，建立校企深度合作，充分发挥高校人才和科研优势以及公司的资金、实践与市场优势，形成良性的战略合作关系。学校相关老师介绍了学校的发展情况，并就印刷、包装、高分子、机电工程等相关专业的教学和科研情况做了详细介绍，并表示希望通过与实践基地的深化合作，提升学院的人才培养水平和教育教学质量，更好地服务社会和企业。双方还就科研项目成果转化、合作研发、员工培训、学生就业等方面进行了深入交流，达成了诸多共识。

双方座谈

会谈结束后，沈山和杨珂分别代表双方签订了校外教学实践基地合作协议。

双方签订校外教学实践基地共建协议并合影留念

完成在成都的行程之后，12月6日，杨珂带领印包学工组牛宣岩来到了深圳云创文化科技有限公司杭州事业部，与云创总经理王少平、杭州事业部经理高鹏等进行了交流。王少平对北印毕业生高鹏等表示了充分的肯定，并介绍了云创萧山工厂的建设计划，希望通过加强校企合作，能让更多的同学认识裕同集团、认识云创，推动更多的同学加入云创。杨珂对裕同集团以及云创的快速发展表示诚挚的祝贺，对企业为学校毕业生提供的良好工作环境表达了感谢，希望通过双方进一步的合作，推动学生就业工作，也为企业提供更好的人才储备。

通过走访企业，对企业的经营状况以及人才培养等情况有了更加深入的了解，对于指导学生的实习、就业，探索人才培养新方法有着重要的意义。

## 八、爱克发印艺公司产品总监为 2018 级同学讲授《印刷工程专业导论》

2018 年 12 月 4 日，受印刷工程系专业负责人邀请，爱克发印艺产品与市场总监专程来校为 2018 级印刷工程全体同学讲授"印刷工程专业导论"课程。

爱克发印艺公司隶属于爱克发·吉华集团，是一家以制造模拟和数字印刷系统、软件及耗材的大型跨国企业，主营设备包括直接制版机系统和工业用喷墨打印机。总监从爱克发集团的发展历史、目前的主营业务、大印刷的经营理念、企业在数字印刷方面的布局等方面进行了约 45 分钟的讲座，并且与同学进行了互动。最后他还向在座同学发出了实习邀请，请大家在合适的时机前往其深圳总部进行实习。本次讲座为大一新生了解印刷业的现状与技术发展，增强专业自信，扩展知识面起到了良好的提升作用。

学生聆听爱克发印艺产品与市场总监作报告

## 九、印包学院与顶佳世纪印刷和北京启航东方印刷有限公司签约产学研合作

2019年5月17日,印包学院党委书记张改梅、副书记杨珂、副院长杨永刚等一行,先后来到顶佳世纪印刷和北京启航东方印刷有限公司,走访了企业的生产车间,同企业进行了座谈交流并与上述两家企业签订了产学研合作协议。

上午,在顶佳世纪印刷负责人的陪同下,参观了生产厂区的生产情况,详细了解了企业的发展情况以及用人需求,探讨了校企双方能够合作的空间,随后张改梅代表印包学院与企业进行了产学研合作协议的签约,并挂牌。

印包学院与顶佳世纪印刷签订校外教学实践基地共建协议

下午,在北京启航东方印刷有限公司会议室,校企双方进行了更加深入的座谈并举办了校外教学实践基地签约仪式。在座谈环节,北京启航东方印刷有限公司从业务、生产、科研、人才需求等方面进行了详细的介绍,并对北印毕业生的能力等方面表示了肯定,希望能与学校加强交流互动,优势互补、资源共享,建立校企深度合作,充分发挥高校人才和科研优势以及公司的资金、实践和市场优势,形成良性的战略合作关系。学校相关老师介绍了学校的发展情况,并表示希望通过与实践基地的深化合作,提升学院的人才培养水平和教育教学质量,更好地服务社会和企业。随后,杨珂代表印包学院与企业签订了合作协议书。

学校与北京启航东方印刷有限公司座谈并就校外教学实践基地挂牌签约

## 十、印包学院与南京爱德印刷有限公司签约产学研合作

2019 年 9 月 6 日，印包学院院长魏先福、副院长杨永刚等一行 6 人来到南京爱德印刷有限公司，就产学研合作进行座谈交流并签订了相关合作协议。

在南京爱德印刷有限公司走访期间，参观了生产厂区的生产情况，详细了解了企业的发展情况以及用人需求；座谈会上，探讨了校企双方能够合作的空间和方向；最后魏先福代表印包学院与企业进行了产学研合作协议的签约，并挂牌。

南京爱德印刷有限公司成立于 1988 年，由爱德基金会和联合圣经公会（U.B.S）香港出版有限公司合资创办，大陆唯一指定印刷基督教《圣经》和赞美诗的印刷企业，也是世界单体《圣经》印刷的主要基地。同时，还积极为海外教会提供《圣经》印刷加工服务，为世界60多个国家和地区的教会加工出口中外文《圣经》。近年来，先后有多名我校毕业生在该公司就业，反响良好。

与南京爱德印刷有限公司签订校外教学实践基地共建协议

合影留念

# 十一、印包学院教师赴人民卫生出版社调研

为深入了解行业企业最新发展状况，拓展学院产学研合作渠道，提升专业发展内涵，2020年9月1日下午，我院院长魏先福、副院长杨永刚等一行7人赴人民卫生出版社开展座谈研讨活动。

　　人民卫生出版社有限公司副总经理孙伟、生产调度中心主任郭向晖，人卫印务（北京）有限公司党委书记吴福森、总经理冉月明等参加座谈。双方就图书生产全流程质量监控、按需印刷、新工艺及材料在出版领域的应用等热点问题交换了意见，并将在学生实习与就业、产学研合作、出版政府奖申报等方面持续加强沟通与协作。

　　人民卫生出版社是全国首批优秀出版单位，中央出版社排名第三，科技类排名第一。2016 年，深化体制改革，组建人民卫生出版集团，重点发展"当代出版传媒、现代绿色印刷、延伸健康产业、丰富多元拓展"四大板块。

双方合影留念

# 第三节　现场教学强化实践创新意识

## 一、印包学院 2014 级毕昇卓越班走进印刷企业参观实践

　　2016 年 4 月 9 日上午 8 点，印包学院 2014 级毕昇卓越班全体同学在班主任杨永刚老师的带领下，展开了为期一天的京内印刷企业参观实践。本次活动以"走

进印刷企业，着手规划未来"为宗旨，在与企业的交流互动中，毕昇卓越班同学们收获良多。

乘着煦日和风，2014级毕昇卓越班的同学们首先来到了北京奇良海德印刷有限公司参观实践。北印2004届校友崔雁副总监首先带领同学们参观了制版和印刷车间，为同学们讲解了CTP直接制版过程、网点增大与补偿等相关内容，并讲解了海德堡四开六色印刷机的基本结构和工作流程。之后，同学们进入印后加工车间，切身体验到折页、装订、自动烫金、模切等工艺过程。在印前工艺部，大家观摩了技术人员使用海德堡满天星拼版软件对书页进行设置的操作。参观胶订龙生产线，领略了精装书籍生产工艺的无缝连接与精准高效。下午，奇良海德的朱国良总经理就自身对印刷行业的认识、大学生职业规划以及奇良海德的社会责任等方面为同学们做了一场精彩而生动的报告，并就大家关心的热点问题回答了同学们的疑问。

公司有关负责人给同学们讲解印刷品装订工艺及质量检测

奇良海德朱国良总经理对同学们的提问进行详细的解答

**毕昇卓越班全体同学与奇良海德人力资源负责人、班主任在公司大楼前合影**

　　下午 3 点，2014 级毕昇卓越班同学们来到了北京京华虎彩印刷有限公司。在公司人力资源部赵钦栋经理的带领下，同学们参观了惠普 -T 系列高速喷墨数码印刷机 T300 及 T350、自动高速数码折页分切胶订机、数码烫印模切机等数字印刷印后设备，从而对大规模的数字印刷流程有了深入的了解和认识。

**惠普数码印刷机正在紧张生产**

　　这次走进印刷企业的参观实践不仅让 2014 级毕昇卓越班的同学们见到了课堂上没有的传统及数码印刷实际生产过程，强化了理论与实践的结合，也使同学们对未来职业规划有了更清晰的认同和定位，并为印刷工程卓越工程师培养计划的深入实施打下了坚实的基础。

## 二、印包学院师生参观考察印刷行业知名企业

本着"互动印刷企业，深入规划未来"的宗旨，北印印包学院部分老师和2014级毕昇卓越班全体同学展开了为期一天半的京津印刷行业知名企业参观实践活动。

2016年6月30日上午，印包学院师生驱车来到了天津中荣印刷科技有限公司参观学习，全程受到公司负责同志的热情接待。天津中荣印刷科技有限公司是一家专注于食品药品类纸包装印刷设计、生产及服务的国内大型包装印刷企业之一。公司总经理兼中荣印刷管理培训学院院长杨建明先生就公司的价值观、管理理念、生产布局及发展方向等进行了详细的介绍。之后北印2013届校友李玉龙主任与同学们进行了成长分享，激励大家力求上进、爱岗敬业。

天津中荣印刷科技有限公司杨建明总经理向北印师生介绍公司发展情况

北印校友李玉龙主任与同学们分享自己的企业成长经历

在中荣印刷集团公司人资部副总监黄仲贤女士和天津中荣人事经理史方女士的陪同下，北印师生经过更衣及细致的清洁处理后，通过一条消毒通道来到平版印刷车间、柔印车间及 UV 印刷车间参观学习。公司人资部工作人员讲解了海德堡 CD74 印刷机、罗兰 700 七色上光过油联线印刷机的基本结构及超高精纸盒柔印生产线的工作流程，让大家领略到全自动上纸机、MK21060STE 模切烫金机和印后磨光机等设备的高效生产及加工。参观结束后，黄仲贤就印刷知识储备、大学生就业、人生职业规划和工作能力提升等热点问题耐心解答了同学们的提问。

师生与天津中荣高层在公司大堂合影留念

下午，印包学院师生又来到了鸿博昊天科技有限公司进行简短的参观。步入印刷车间，正在高速运转的昌昇对开双面胶印机、高斯轮转机映入眼帘，大家为之震撼。随后，师生们又目睹了全胜 CTP 制版机、冲版机以及马天尼印后胶订龙、柯尔布斯骑订龙等设备的高效化与集成化。公司负责人表示，公司建立了完善的印前、印刷和印后生产流程，且大量使用环保材料，采用新工艺、新技术，致力于推行拥有现代化管理制度的绿色印刷大企业。

7 月 1 日上午，2014 级毕昇卓越班学生在班主任杨永刚老师的带领下，又来到了位于亦庄的北京伊诺尔印务有限公司参观实践。北印 2004 届校友王巍总助首先给同学们分享了他在伊诺尔公司奋斗的工作体会，以自身实际事例诠释了知识在生活和工作中的重要作用，期待同学们珍惜大学时光，努力培养和锻炼自己的能力。接下来，主管生产的孙立辉经理介绍了企业的总体情况及车间布局与票据印刷业务。

师生满怀期待走进鸿博昊天公司大楼

北印校友王巍总助结合自身经历为大家诠释学习的重要性

北京伊诺尔印务孙立辉经理为大家讲解公司生产内容和参观须知

随后，在两位负责人的带领下，同学们分为两组参观了具有甲级保密资质的印刷车间，了解了票据的种类和票据印刷的基本原理等相关内容，听取了票据十色轮转印刷机、配页机、折页机和切纸机等基本结构和工作流程，现场观摩了技术人员使用四色海德堡印刷机印刷门票的操作过程，并就有关技术问题向车间负责人咨询、请教，学习气氛热烈。

参观临近尾声，王巍再次就专业知识的学习、未来职业的发展以及大学学习生活的规划等问题给大家答疑解惑，勉励同学们学以致用、回报社会，并欢迎同学们到伊诺尔公司实习。

师生与伊诺尔公司主要负责人合影留念

# 三、印包学院师生党员赴上海开展支部共建活动

为扎实开展"两学一做"学习教育活动，加强教师党支部与学生党支部共建，印刷与包装工程学院印刷工程系教工党支部和印刷工程专业学生党支部的党员代表共 13 人，于 2016 年 10 月 19 日奔赴上海，展开了为期三天的专业学习及党性教育活动。本次行程由印刷工程系教工党支部书记杨永刚老师设计，牛宣岩、刘全校两位老师带队，朱晓瑜、胡晓婕等 10 名学生党员代表参加，主要前往上海新国际博览中心参观 2016 年第六届中国国际全印展，并瞻仰中共一大会址。

今年恰逢中国共产党成立 95 周年，10 月 19 日下午抵沪后，两个支部的师生党员代表率先参观了位于上海市黄陂南路的中共一大会址纪念馆。师生党员认真阅览馆内陈设的革命文物、文献和历史照片，对中国共产党诞生这一重大历史事件进行重温与学习，并体会到时光不再，英雄虽逝，精神长存。

两支部师生党员参观一大会址纪念馆

10月20日，师生党员一行13人前往上海新国际博览中心，对2016年第六届中国国际全印展进行了一天的参观学习。本次全印展主题为"发现印刷未来"，展会共设11个展馆，分别对印前设备和软件、印刷设备、包装加工设备、印刷品印后加工及表面整饰设备、印刷耗材（纸张、油墨、版材、橡皮布）进行了展示。

第六届中国国际全印展展厅

此次中国国际全印展提供的全球化的技术交流平台展示了世界印刷业的新技术和新产品，围绕实现高效低耗、绿色环保、保真度高、个性化强等目标，高性能的印刷及印后加工机械、防伪油墨、H-UV 快速干燥油墨、稳定可靠的专业化数字印刷方式、安全创新的包装与印刷材料不断革新，突破老设备和老技术遇到的发展"瓶颈"，拓展了印刷产业的潜能，开创美好未来。

　　通过和世界各地印刷及设备器材行业同人及北京印刷学院的杰出校友的交流和对话，学生党员全面感受了印刷技术所焕发出的活力与动力，亮点纷呈。

师生党员学习交流专业技术

　　本次赴沪学习，既带动了印刷工程系教工党支部与印包学院学生党支部的交流融合，又通过全印展的良好平台，使教工党员从专业教育的角度对学生党员进行帮扶和提高，引导学生更好地了解专业发展定位和印刷包装技术及设备的创新水平，从而达到支部共建，真正做到了将"两学一做"落到基层、落到实处。

师生党员在全印展创新材料馆门前合影留念

## 四、印包师生探访广州人民印刷厂股份有限公司

　　继人民印刷厂来校进行校招以后，为了让拟录取的 7 名学生更好地深入了解企业情况，也为了增强企业选人、用人的稳定性，2016 年 12 月 9 日印刷与包装工程学院组织师生 9 人前往广州人民印刷厂股份有限公司进行了参观学习。

　　9 日上午，师生首先参观了位于广州白云区江夏工厂的生产基地，了解了公司主要是做景点门票、高速过路费票据、发票、证书等的印刷工作。参观完江夏厂区，企业人力资源总监和学生进行了面谈，与学生达成了签订三方协议的意向。下午，师生对其位于海珠区的办公区进行参观，公司办公环境干净整洁，工作人员态度认真负责，公司在防伪印刷方面获得众多奖项。

北印师生参观企业现场

　　最后，人印领导和师生进行了座谈交流，让学生了解到企业的发展方向、目标，文化理念，还和学生探讨了毕设、实习及以后的工作内容。会后，师生和企业人员进行合影留念。

**全体合影留念**

# 五、印包学院青年教工党员走访调研企业

2017 年 6 月 29 日至 7 月 1 日，北印印包学院 4 名青年教工党员在副院长杨永刚的带领下，赴湖南湘潭、长沙两地走访调研企业，了解一线生产情况，洽谈学生实习、就业和校企科研合作等事宜，推动"两学一做"学习教育落到实处。

6 月 29 日上午，5 名老师同湖南新向维包装有限公司人事相关负责人员进行了座谈。企业负责人事的副总经理江伟科代表企业介绍了企业的基本情况，杨永刚介绍了学校的基本情况、学科建设、教学科研等，双方就学生生产实习、就业和校企科研合作等进行了沟通。

下午，在企业人事部长廖田生的带领下参观了企业的生产车间，并结合生产岗位的情况就学生生产实习的时间、实习方案和实习管理等环节同企业生产副总经理毛超群等领导进行了详细的磋商，双方最终达成了初步的合作意向。

6 月 30 日，北印一行 5 人参观了湖南新向维包装有限公司位于长沙的生产基地，对企业的生产现状、产品特点和市场做了进一步的了解。

适逢七一党的生日，5 名教工党员来到湖南烈士纪念塔，缅怀为中国革命和建设壮烈牺牲的先烈们，学习他们为党和国家以及人民利益勇于牺牲的精神，不忘初心，继续前进。

印包学院与湖南新向维包装有限公司洽谈校企合作事宜

印包学院青年教工党员走访湖南新向维包装有限公司湘潭生产基地

印包学院将结合专业实际，继续开拓内容丰富的校外实习与就业资源，推动校企全方位合作，助力学生成长、成才。

附：湖南新向维包装有限公司简介

湖南新向维包装有限公司的前身是湖南向维彩印包装有限公司，是一家专注于塑料复合软包装生产的企业。公司成立于2000年，是湖南省软包装行业龙头企业，在全省400多家软包装企业中，是目前唯一享有"湖南省著名商标"的企业，连续三届被同行业推为会长单位。

公司在长沙、湘潭有生产基地，拥有多条软包装生产线，其中共挤吹膜机、真空镀铝机、高速印刷机、无溶剂复合机、淋膜机、高速制袋机及配套设备处于国内领先水平。并且最新引进针对软包装的 HP Indigo 20000 数字印刷机，实现个性化定制，可变数据印刷。率先引进包装＋互联网的先进理念，推出"一袋一码"项目，让每个包装袋都有自己的"身份证"。公司产品辐射全国各地，其中激光、洗铝、真空、蒸煮、自立、拉链、自动卷膜等中高档塑料复合软包装产品已深受广大客户的好评，成为中南地区软包装行业的佼佼者。

# 六、印包学院师生代表共赴上海参观全印展

为熟悉行业发展趋势，了解世界印刷业的新技术和新产品，印刷与包装工程学院印刷工程系教师与印刷工程专业学生代表共 19 人，于 2018 年 10 月 24 日奔赴上海，展开了为期三天的专业学习及党性教育活动。本次参展由印包学院副院长杨永刚及学工组老师带队，李文涛、张沃野、吴迪等 16 名学生代表参加，主要前往上海新国际博览中心参观 2018 年第七届中国国际全印展，并瞻仰中共一大会址。

师生在全印展展板前合影

10 月 25 日上午，师生代表一行 19 人前往上海新国际博览中心，对 2018 年

第七届中国国际全印展进行了半天的参观学习。本届展会主题为"开启印刷智能时代"，聚焦印刷、包装行业智能化大趋势，共有1030家中外领先供应商品牌携手同台展出，全面展示印刷、包装行业供应链上下游的创新设备、材料、前沿技术和领先解决方案。

**师生参展**

此次中国国际全印展为了更多元地呈现智能制造、创新科技发展，全印展特别策划了3个亮点主题展区：印刷梦工厂、定制体验馆、智能工厂演示区。印刷梦工厂展示了功能印刷、纳米技术、3D打印、智慧工厂、环保方案、VR/AR技术、文化创意等创新技术；智能工厂演示区联合了从印前、印刷到印后各工序，自动物流在内的多家设备、软件供应商，现场模拟订单在工厂进行自动流转、排产、生产，并记录分析相应的生产数据的全过程，形象地展现智能工厂的理念；定制体验馆以体验数字印刷定制全流程的一个演示区，顾客可以从逛商店、扫码下单，到参观生产过程、等候取件，体验定制的全流程。通过此次全印展的参观学习及与印刷行业同人的交流，学生代表们深切感受到了印刷技术所焕发出的活力与动力，同时他们也认识到印刷业有着非常广阔的发展空间。

10月25日下午观展后，师生代表们继续参观了位于上海市黄陂南路的中共一大会址纪念馆，整个纪念馆由"序厅：起点""第一部分：前赴后继救亡图存""第二部分：风云际会相约建党""第三部分：群英汇聚开天辟地""尾厅：追梦"5个部分组成。师生代表认真参观了馆内陈设的革命文物、文献和历史照片，对中国共产党诞生这一重大历史事件进行重温与学习。最后师生党员代表还于鲜红的党旗前重温入党誓词。参观后，大家纷纷表示要以革命先烈为榜样，不忘初心、牢记使命，不断加强党性修养，大力弘扬红船精神，为实现中华民族伟大复兴的中国梦贡献自己的力量。

通过本次赴沪学习，印包学院师生与各地印刷及设备器材行业同人及北京印刷学院的杰出校友进行交流，认识到了印刷专业发展定位和印刷包装技术及设备的创新水平，同时老师从专业教育的角度对学生进行帮扶和提高，带动了教工党支部与学生党支部的交流融合。返校后，此次参加展会的同学将成立宣讲团，向2018级新生分享全印展的收获和感悟，让学院新生对印刷包装有更进一步的了解。

# 七、印包学院组织大一学生参观顶佳世纪有限公司

为了使2018级学生更好地认识印刷包装这一行业，了解印刷工艺流程与行业的发展，明确各种工艺、设备、材料、检测手段在整体图文信息处理、复制过程中的地位和作用以及相互间的联系，更好地将书本上的知识应用于实践中。印包学院组织包装工程与高分子专业的学生于2019年3月13日下午由张福斌老师带队参观了顶佳世纪有限公司。

同学们参观顶佳世纪印刷公司

顶佳文化创业园的相关领导为来访师生介绍了企业总体情况，并安排专业人员带领同学们参观了印前、印刷及印后车间，为同学们介绍了基本的工艺知识。车间内，工作人员向大家介绍了平版印刷利用油水不相容原理进行印刷以及印后加工中书籍折页装订等过程，并且详细介绍了印刷设备和材料、印品质量检测与控制技术，让学生从整体上初步了解印刷相关技术与理论，使得大家对书本中的知识有了更为立体的了解。另外，工作人员还为学生展现了最先进的数字化工艺流程，与传统印刷作了充分的比较，培养了学生关注新科技的能力和创新的思维。

通过此次参观活动，学生们真切感受了印刷包装工业在社会文明发展中的重要作用，激发了同学们作为北印人对印刷的热爱与追求，与此同时同学们对所属院系有了更为清晰的了解，为大家以后相关专业的学习奠定了一定基础。

## 八、印包学院承办并完成国家校对技能职业鉴定工作

为加强复合应用型人才培养，提高学生实操技能，服务学生就业，印刷与包装工程学院组织学生参加了印刷行业校对工种的技能培训和考试工作，以此来提高学生的专业技能，为就业打下良好的基础。随着职业资格制度改革的深化，国家对职业资格实行分类分层管理，积极推动企业和行业自主开展技能评价。本次校对技能职业鉴定是最后一次获得国家职业资格证书的机会，以后改由各省区的相关行业机构发证。

人力资源和社会保障部颁发的校对工种"中华人民共和国职业资格证书"要求参考人员必须通过理论和实操考核，这两项考核的培训工作分别于 2017 年 12 月 2 日、3 日和 9 日在北京印刷学院本校区进行，印包学院教师张婉、贾新苗全程参与了培训工作。

本次培训邀请了行业内资深专家王庆龙老师对校对工种的基本知识、实操技能进行了全面的讲解和训练，培训从最基础的校对符号、校对常识和校对实操中的折校技能进行了专项训练。通过培训，学生在印前基本理论、校对基础知识和实操等方面得到了很大程度的提升，效果反映良好。

培训现场

　　资格考核工作在 2018 年 1 月 7 日进行，经过上午四个小时的理论知识考试和实操技能测试，校对技能职业鉴定工作落下帷幕。

考试现场

　　据统计，本次培训共有校内 51 名师生报名参加，其中获得校对工种中级（四级）证书的人员共计 22 人，获得校对工种高级（三级）证书的人员共计 29 人，全部通过考核。学生在专业技能方面得到切实提升，为今后的就业打下了坚实的基础。

校对工种"中华人民共和国职业资格证书"

# 九、印包学院邀请柯达公司来校开讲"校园公开课"

2018 年 7 月 4 日下午，印包学院邀请合作企业柯达公司来校举办的"柯达进校园 绿印创未来"公开课在北京印刷学院教 A 楼 207 正式开讲，向在校学生普及了绿色印刷前沿资讯和关于 CTP 的先进技术。柯达公司亚太区版材业务发展经理姚思敏、柯达公司大中华区战略产品组产品经理成希娟为学生们现场讲解了绿色版材的现状及未来发展趋势和 CTP 在中国的发展以及柯达 CTP 的主要特点。

柯达公司的"校园公开课"现场

柯达公司通过校园公开课的方式将行业趋势与自身在绿色印刷方面积极探索的成果与学生们进行分享，为他们在学习和职业规划方面指明了方向，加深了他们对印刷业现状与未来趋势的认识。同学们收获满满，对坚守印刷行业的自信心大为增强。

柯达主讲团队与学生们合影

# 十、柯达进校园 绿印创未来｜学生们的"第二课堂"开讲啦

柯达走进北京印刷学院，通过公开课的形式在增强学生们学习兴趣的同时加深对印刷业现状与未来趋势的认识。课后学生们反响异常热烈，在得知今年柯达公司的"柯达进校园 绿印创未来"活动再度席卷而来，学生们踊跃报名参与本次校园公开课。

2019年9月4日下午，由柯达公司联合北京印刷学院公开课在北京华联正式开课，作为校园公开课的"第二课堂"，旨在让在校学生能够了解绿色印刷前沿资讯、CTP 先进技术以及近距离观摩大型印企高端技术。

认真听讲的学生们

　　柯达公司亚太区版材业务发展经理姚思敏女士以绿色版材的现状及未来发展趋势为题，与同学们进行了良好的互动交流，在一问一答间，充分使同学们了解柯达的绿色版材及世界各地的印刷绿色化情况，达成寓教于乐的效果。姚思敏女士强调，版材的趋势逐渐向环保、可持续发展，与此同时，节约能源，减少人力成本、废弃物，达到零排放也是印企应该注意的。在演讲的最后提出"柯达印青春"的有奖征集论文活动并呼吁同学们可以通过在课余时间能够多听多看，学习并掌握印刷知识，同时可以多渠道分享给更多人，让印刷影响得更为深远。

　　学生们在聆听姚思敏女士的演讲后，对印前设备及版材产生了浓厚的兴趣，着重聚焦在柯达的 CTP 设备及版材。柯达北方区客户服务经理徐映峰先生表示，依托于强大的技术研发实力，柯达公司多年来持续不断地研发及生产出多种不同型号的 CTP 设备，以满足印企需求。方形光点、激光点自动聚焦等引以为傲的技术保证了高稳定高精度的生产。提到版材，不得不说的柯达腾格里版材，结合了湿冲洗印版的高性能和免冲洗技术，在印量、成像速度、操作耐用性、分辨率等方面足以媲美冲洗类印版。其所具有的高质量、高效率、高环保性获得业内人士一致好评。

　　本次公开课最后由北京华联人力资源科企宣专员王晓利女士为在座学生讲解了北京华联的历史及相关印刷资质，可以承接数码印品、期刊杂志、高档图书、文创产品的印制工作，北京华联传承"中华商务"百年文化品牌，历史悠久、诚信经营，是值得信赖的合作伙伴，资质齐全，提供从策划、设计、印装、运输的全方位一站式服务。集团公司实力雄厚，在香港、北京、上海、深圳拥有生产基地，实现一单多地同时生产。

作为一家具有高度社会责任感与使命感的企业，柯达以"柯达进校园 绿印创未来"校园公开课履行企业的社会责任，为印刷行业的人才培养贡献力量。不仅开拓了学生的视野，同时也近距离参观了知名印企，为学生们以后的职业发展道路打下了良好的基础。未来，柯达会将高度的社会责任感与使命感贯穿企业发展始终，持续推进教育事业的发展。

# 十一、印包学院组织学生参观廊坊吉宏包装有限公司

为巩固课堂知识，丰富课余生活，拓宽同学们的视野，在印包学院副院长杨永刚和王华明老师的组织带领下，2018 级印刷工程 25 名师生于 2021 年 4 月 21 日中午乘车前往廊坊吉宏包装有限公司开展参观学习活动。

廊坊市吉宏包装有限公司于 2013 年 1 月 8 日在廊坊市广阳区工商行政管理局登记成立。公司经营范围包括包装箱和包装盒的加工销售以及纸制品加工销售等。到达工厂后，吉宏人事部黄主任向同学们介绍了公司的基本概况并讲述了此次参观活动的具体流程及相关注意事项。在工厂师傅们的带领下，同学们进入工厂各个车间进行参观。

在参观过程中，同学们积极同车间师傅交流，了解各类设备的运行流程及产品的生产过程。廊坊吉宏总经理林国梁向同学们讲述了行业现状，并为同学们未来工作就业提供了宝贵的建议。

此次参观活动不仅丰富了同学们的课余生活，拓宽了视野，而且让大家对课堂知识有了更加深入的认知，对印刷包装行业有了更加真切的了解，为同学们未来的实习就业提供了很大的帮助。

同学们参观学习

# 第二章　学科竞赛

# 第一节 "创意印"印刷方案设计大赛

北京印刷学院"创意印"印刷方案设计大赛是由教务处主办,印刷与包装工程学院承办的全校性专业竞赛,是一项征集创新印刷产品与产品设计方案的比赛。该大赛以促进学生对印刷领域知识进步的专业领悟力,提升并创新印刷教学水平为导向,面向全校同学展开,旨在增强学生的专业实践能力,引导同学基于所学知识、立足传统技术、数字应用技术、新型材料应用,创新印刷的内涵与外延的思维;培养同学善于发现和应用跨领域、跨学科的先进科学技术,创意开发新型印刷产品的能力;提高同学坚持绿色环保理念、创建和谐印刷生态的信心。

该赛事倡导印刷方案设计为核心,基于"纸媒创新与产品创意"的主题,激发学习热情和钻研精神,提高创新意识和印刷系统化设计的研究和实践能力,为学生成为面向未来、引领行业的高级印刷设计师推波助澜。自 2015 年启动以来,已推进到第六届。在这个过程中,参与学生越来越广泛,指导教师的积极性越来越高,学生们的创意思路越来越活跃,完成的作品越来越精美。在学校领导的关怀与指导下,"创意印"印刷方案设计大赛构建了校内外和校企之间沟通协作的平台,也为同学们参与更高级别的学科竞赛打下了牢固基础。下面介绍"创意印"印刷方案设计大赛及相关的专业实践活动的开展情况,以分享学生的进步及素质能力的提升。

## 一、印包学院举办第二届顶佳杯"创意印"印刷方案设计大赛

为了培养大学生的创新精神和团队合作能力,2016 年 6 月 1 日下午,印刷与包装工程学院在教学楼 D 楼 201 举行了第二届顶佳杯"创意印"印刷方案设计大赛的中期答辩活动。参与此次答辩活动的评审委员有北京顶佳世纪印刷有限

公司的周晓苗经理、王华明经理，北京尚易九州科技有限公司的代表蒋晓冰、段若愚，印包学院的王卫民、王德本、廉玉生、何喜忠、梁炯和杨永刚六位老师。

　　活动首先由大赛负责人梁炯老师致辞，她鼓励同学们积极加入到创新设计的队伍中，也期待同学们的设计作品能得到评审团队的认可和支持。同时也希望评委们能从创意性、可操作性和印刷包装要素的融入效果等方面给同学们的作品提出中肯的意见，为同学们指点迷津。

**梁炯老师致辞**

　　活动正式开始，各组成员依次对自己的创作方案进行演示解说。在答辩过程中，不乏许多优秀的作品，如"饮料薯条杯""茶叶包装""创意笔记本""3D立体地标卡通地图""DIY变色日历""跨媒体宣传系列"等，精彩的答辩反映出同学们对创新创意的热情以及精心的准备工作。每组作品介绍完毕后，企业代表和老师分别对小组成员进行提问，并针对不足之处给予建议，让同学们了解到作品的不足之处，也为日后作品的进一步改进提供了很大的帮助。

　　活动接近尾声，段若愚向大家介绍了尚易九州的企业产品，讲述了产品背后的制作故事，希望能给同学们带来启迪。活动最后，顶佳公司的王华明经理对本次"创意印"活动进行了总结，他为同学们的创意点赞，也期待着大家能将比赛中的创新精神延续到以后的印刷包装实践中，让更多的人可以领略印刷包装行业的魅力。

　　本次活动系印刷与包装工程学院实践创新系列活动之一，是在印刷包装综合创新实践基地（市级）的统筹规划与大力支持下展开的。

同学们进行路演和作品展示

## 二、印我创意风采，发扬"创意印"精神

为了促进学生对印刷的专业领悟力，并以提升"创新印刷教学"水平为导向。印包学院于 2016 年 10 月 17 日于教 D 楼 201 教室举行了第二届创意印"顶佳杯"印刷创意方案大赛企业需求宣讲会。

大会由梁炯老师主讲，她首先介绍到现场的企业嘉宾顶佳公司的周总和尚易九洲的蒋老师。其次她详述了由北京印刷学院印刷与包装工程学院主办的"创意印"大赛，是一项征集设计印刷相关产品与设计方案的比赛。旨在增强学生的专业实践能力，从而培养同学善于发现和应用跨领域、跨学科的先进科学技术，创意新型印刷品的能力；培养同学基于所学知识、立足传统技术及新型材料应用，创新印刷生产工艺并节省生产成本的能力；提高他们坚持绿色环保理念，创建和谐印刷生态的信心。

顶佳公司的周总向同学们进行了企业需求的推介，主要是针对推出的产品应富有一定的文化意蕴和艺术，如笔记本的装帧形式等。在场的师生积极地提出了创意点，如有香味的绘书，可变色的伞（涂层油墨）等。接着，尚易九洲的蒋老师又将虚拟与现实的包装，VR 卡片产品介绍和包装需求进行阐述。我校创意小组也提出了不同的看法。踊跃的回答，出彩的提问，让会议的气氛更加活跃。

蒋老师现场指导创意小组并帮助其完善方案

最后，梁炯老师表示希望 2015 级的新生能积极参与大赛，参加大赛的创意小组通过这次大会能更客观地考虑自己的方案，同时也期待更多出彩的方案出现在大赛上。

# 三、印刷与包装工程学院举办第二届顶佳杯"创意印"颁奖典礼

为了促进学生对印刷的专业领悟力，培养同学发现和应用跨领域、跨学科的先进科学技术及创意新型印刷品的能力，由印刷与包装工程学院主办，北京顶佳世纪印刷有限公司赞助的第二届顶佳杯"创意印"印刷设计大赛颁奖典礼于 2016 年 12 月 21 日在校教 D 楼 201 室举行。参加此次活动的嘉宾有北京顶佳世纪印刷有限公司的姚松总经理，北京印刷学院印刷与包装工程学院李路海院长，施继龙和杨珂副院长，印包学院相关专业教师，以及参赛组和观摩的同学们。活动让同学们了解到了自己作品的不足之处，为日后作品的进一步改进提供了很大帮助，还提高了同学们坚持绿色环保理念、创建和谐印刷生态的信心。

大赛负责人梁炯老师重申了本赛事"创意赋予产品，科技助力印刷"的主题，回顾了两届"创意印"的历程，并强调同学尽力、教师尽心、企业助力是"创意印"平台建立并完善的基础。姚松对本届选手们作品的进步和丰富给予了肯定，推介了顶佳文化创业园的规模和发展，并邀请同学们到顶佳文化创业园实践与学习。李路海在活动中为同学们亲切致辞，鼓励同学们都能积极加入到创新设计的

队伍里，并强调"创意印"主题已经成为印刷教学指导委员会设定的学科竞赛的主题，这将推动"创意印"发展成为印刷教学领域的全国性学科竞赛。

活动正式开始，各组成员依次对自己的创作方案进行了演示与解说。在演说过程中，凸显出了许多优秀的作品，如："环保又美观的红酒包装""精致古典的毕昇笔记本与激光简册""创意十足的变色伞""兼具美感与科技感的变色杯""外皮可变色的时尚笔记本""设计理念新颖的 3D 打印磁性地图""有趣实用的可乐薯条杯""跨院合作的温变日历""中西集合的《梦寻青春·新醉红楼》夜光镂空书"及"功能性强大的儿童卡片储存盒"。每组作品介绍完毕后，企业代表和老师分别对小组成员进行提问，并针对不足之处给予建议，让同学们了解到作品的不足之处，也为日后作品的进一步改进提供了很大的帮助。

作品展示

经过前期评委打分，朱世奇小组、董田小组、李暄小组获得三等奖；丁丹小组、郑欢小组、杨炎小组、姚如梦小组获得二等奖；周辉小组和许诚小组分别获得一等奖和特等奖，之前这两组作品在 2016 年北京大学生创新科技作品展示会中分别获得了铜奖和金奖；小组的指导老师王东栋、胡堃、廉玉生，以及本赛事的企业工艺设计指导老师杨容也获得优秀指导教师奖；2014 级毕昇卓越班熊壮壮和 2013 级毕昇卓越班马磊获得毕昇班徽标设计奖以及全国印刷模拟软件SHOTS 竞赛最佳名次奖。

嘉宾点评

　　活动最后，包装工程系主任刘全校总结发言，他对同学们的创意感到惊喜，并期待大家能将比赛中的创新精神延续到以后的印刷包装实践中，让更多的人领略到印刷包装行业的魅力。

# 四、第三届顶佳杯"创意印"印刷设计大赛颁奖典礼

　　为了提升学生对印刷的专业领悟力，培养同学发现和应用跨领域、跨学科的先进科学技术及创意新型印刷品的能力，由学校教务处主办，印刷与包装工程学院承办，北京顶佳世纪印刷有限公司赞助的第三届顶佳杯"创意印"印刷设计大赛颁奖典礼于7月3日在校教A楼110室举行。

　　刘尊忠书记在发言中代表学院对顶佳公司对印包学院"创意印"活动的大力支持做出感谢，也表扬了全院师生和毕业校友的努力。他指出，"创意印"活动为同学们搭建了一个良好的展示自身创新能力的平台，增强了同学们提升自我、改变印刷的能力，是一项非常有意义的活动，希望在以后，这个活动可以再接再厉，越办越好。

　　大赛负责人梁炯老师重申了本赛事"创意赋予产品，科技助力印刷"的主题，回顾了三届创意印的历程，并强调同学尽力、教师尽心、企业助力是创意印平台建立并完善的基础。

　　周晓苗总经理在活动中为同学们亲切致辞，介绍公司现状以及取得的成果，为

同学们讲述了印刷企业的现状以及未来的规划。她指出，印刷学院的同学们所懂得的知识并不是一般车间工人所能比拟的，在印院可以学到更多，将来进入印厂也会走得更远，鼓励同学们都能积极加入到创新设计的队伍里，并强调，随着时代的发展，科技的重要性越来越明显，同学们不管是在现在的学习中还是在以后的工作中都一定要多学多看，从细微之处发现更多，创造更多。

印刷博物馆赵春英主任为学生们讲述了印刷的起源及其发展历程，创意印这个活动是要从印刷术的本源出发，开拓创新，用更好的技术发展印刷，让印品站在巨人的肩膀上。

## 优秀作品展示

古色古韵的 BIGC 录取通知书

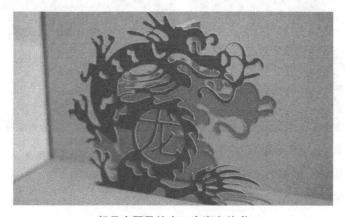

颇具中国风的十二生肖立体书

梦幻七色的圣诞快乐镂空书

# 五、"纸媒创新 奇思妙想"——第五届"创意印"学科竞赛作品赏析

由学校教务处主办、印刷与包装工程学院承办的第五届"创意印"校级学科竞赛比赛结果新鲜出炉，一起来看看获奖作品（部分）吧。

1. 基于北印元素的凸印台历

项目负责人：常文箫

项目组成员：梁宴芳、郭丽丹、吴佩燕

指导教师：杨永刚、张登峰、王钰

创作内容与手段：以北京印刷学院的建筑元素为内容设计的"印苑风景线"2020年校园台历，内页由凸版印刷加工而成，并带机关元素、功能性外包装盒，具有观赏性和互动性。

2. "FREEMOOD" 氛围投影灯

项目负责人：吴政潭

项目组成员：丁月恒、孟弘栎、杨东铭

指导教师：莫黎昕

创作内容与手段：本作品借助 Arduino 开发板和一些较易得到的电子器件，以及纸面的雕刻与透明效果，搭建了一个可交互的氛围灯具。产品使用立式纸筒包住 LED 灯光，将纸筒上的雕刻图案投射出来。下面的方形座台上放置了三款感应器，用手指接触，即可触发舵机带动纸筒中间的圆盘转动，从而将圆盘上不同形状的图案投射到筒顶硫酸纸面上显示。纸筒内壁还附有一个可以透过雕刻图案视觉查看的 RGB LED 灯，随感应器响应变换颜色。

3. 绢丝布烫印孔雀扇

项目负责人：陈昊鹏

项目组成员：王晓珏

指导教师：梁炯

创作内容：中国传统扇有着深厚的文化底蕴，是中华民族文化重要的组成部分。作品扇面图案取自故宫文创思路：仙鹤和祥云。仙鹤意喻忠贞清正、品德高尚，通常出现在文官礼服上。

创作手段：该项目探讨了绢丝扇面的印刷加工工艺。起初设想用数码印刷加烫金的方式完成。尝试后发现，因为布料太薄，缝隙太大会让烫金材料从绢丝缝中漏出。所以再次尝试用丝网印刷的方式在扇面涂布白乳胶，然后再用洒金的工艺，但发现金箔太薄，会黏附在无胶区域，很难清除干净，依然效果不佳。最终选择了在白乳胶面，使用金箔贴金的方式完成了扇面图案。

4.360°纸雕校园立体书

项目负责人：郭志婷

项目组成员：董佳圆、何苓

指导教师：张登峰、王钰

创作内容：提炼北印特色，选择北京印刷学院标志性建筑制作成一套礼品卡集。

创作手段：运用 3D 立体场景的展示方式展现北印景致，共有六幅画面，绕360°打开呈现为圆灯笼状。每页皆包含镂空元素，多个层次表现场景的立体感，最终展品可以立于桌面，任意角度观赏。前封面与后封面装有丝带，在该册闭合时固定。

5. 结构色应用的北印礼品设计

项目负责人：王玥

项目组成员：马敏月、孙帅丽、石莫言、沈依林

指导教师：李修

创作内容：以北京印刷学院为对象进行设计制作的一套纪念品，主体包括纪念币、纪念卡和明信片。

创作手段：包装盒上的印院 Logo 图案，由结构色材料组合而成。纪念币的两面，分别为北京印刷学院校门、校训以及北京印刷学院校徽。纪念卡采用校徽点缀中国特色图案元素进行设计。明信片取材于校园生活场景，绘制而成。

6. 基于特种油墨表现的故事书

项目负责人：白坤凤

项目组成员：朱雪慧、杨宗文

指导教师：王华明、孙志成

创作内容与手段：本项目编写并绘制了以小海龟闹闹漫游记为主题的儿童书，并根据故事场景的转换添加了特种油墨的表现效果。其中龟背上、天空中用胶印方式叠印了各种颜色的荧光油墨，使用 UV 灯可以查看颜色的变化；沙滩上添加了丝印的发泡油墨和温变油墨的效果；闹闹寻找沐沐的场景中添加了丝印的白色水变油墨。

7. 垃圾分类有声立体宣传册

项目负责人：蔡梓涵

项目组成员：冯宇宁、魏京柔、赵振山

指导教师：王华明、关仲平

创作内容与手段：该作品是以"垃圾分类"为主题的有声立体宣传册。通过加入一些电器元件和立体效果，帮助读者直观学习垃圾分类知识。在动作切换时，赋予不同的声音，引导读者了解相关知识。本册配有表示不同类型遗弃物的 NFC 卡，在 NFC 卡靠近感应器位置后，读者手动触按相对应的垃圾桶。如果垃圾桶选择正确，则传出快乐的歌唱；否则会发出"Oh，No"的声响，提醒读者判断错误。NFC 卡片上的图案，由 UV 喷墨打印设备输出。

8. 校园立体卡

项目负责人：赵姝怡

项目组成员：马润洁、杨蕙嘉、郑佳敏、石补天

指导教师：关仲平、王华明

创作内容与手段：基于北印校园中的经典景物开发而成的立体结构纪念卡。卡中风景包括：东校门广场、新创大厦、校园地图、北校区与西校区融合景、秋实园。

本次比赛激发了同学们的学习热情和钻研精神，提高了创新思维意识和印刷系统化设计的研究与实践能力，是同学们基于专业知识和人文情怀进行的创新探索，成为同学们向着成为引领行业的高级印刷设计师而努力的精彩见证。

# 六、印包学院举办"走进立体书世界"讲座

为了倡导印刷多维度呈现方法，开拓同学们的创新思维能力，印刷与包装工程学院于 2018 年 10 月 27、28 日上午，在教学楼 A 楼 110 室举办了"走进立体书世界"

的系列讲座。主讲人为立体书屋的创办者、"立体书屋"微信公众号运营者、立体书收藏家关仲平老师。创意印团队，2016级、2017级卓越班，以及其他对此感兴趣的同学参加了本次活动。

关仲平收藏了国内外一千余本立体书册，参与策划北京、深圳、广州、南宁等地的立体书展览，在多个高校做过"走近立体书世界"等分享课程，近年来致力于立体书艺术的推广工作。

关仲平展示立体书

两天的讲座中，关仲平带领同学们赏析了国内外典型的立体册，并对立体书的类型、作用进行了介绍。他以人物、时间、地点为脉络，介绍了世界经典立体书以及中国原创立体书的发展历史，并通过各种立体书实物、照片、视频，生动地展现了一场别开生面的立体书盛宴。

同学们观赏立体书展览

讲座中，关老师精心布置的小展区别有趣味，配合两天的讲座内容，同学们饶有兴趣地领略了各种特色的立体书籍，并在关老师的指导下，认真研究其结构与工艺。关老师在课程中，为同学们准备了材料和工具，引导同学们对立体书的基本工艺进行实践操作，增强了同学们的现场感受。关老师还给同学们布置了娃娃屋的制作作业，同学们期待着自己作品的展出。

同学们制作立体书

# 第二节　绿色印刷知识竞赛

## 一、首届绿色印刷知识竞赛校内模拟赛在印包学院举办

　　为深入贯彻党的十九大精神，持续推进印刷行业的"绿色化"发展，国家新闻出版广电总局印刷发行司和北京市新闻出版广电局将联合主办"首届绿色印刷知识竞赛"总决赛。作为"2017年全国绿色印刷宣传周"的重头戏，届时将有来自北京、天津、河北、湖北、山东、内蒙古六支省区市队和北京印刷学院、

上海出版印刷高等专科学校两支院校队共八支代表队参加此次知识竞赛，一展当代印刷人的新风采。竞赛活动于 2017 年 11 月 30 日在北京开展，这有利于各地开展岗位练兵，提升全行业的理论和操作水平。

为激发北印学生的参赛热情，促进学生对绿色印刷的认识和宣传，印包学院组建了由 3 位老师和 5 位学生组成的北京印刷学院参赛队，并在 11 月 22 日举办了首届绿色印刷知识竞赛校内模拟赛。学校校长罗学科、北京绿色印刷与包装产业技术研究院有限公司总经理袁宇霞、印包学院执行院长魏先福和副院长杨永刚参加了此项赛事的观摩和指导。

北京印刷学院参赛队的五位学生

本次模拟赛由 2015 级、2016 级毕昇卓越班的两支各 3 人的代表队组成，通过必答题、抢答题、互选题和风险题共四个环节来展开，比赛由印包学院刘江浩老师主持。凭借扎实的理论知识和敏捷的反应能力，最终 2015 级毕昇卓越班取得了最后的胜利。

校长罗学科在观看了参赛选手紧张激烈的比赛全程后，对参赛选手们的表现给予了肯定，并勉励同学们要加强对绿色印刷相关内容的理解，要掌握竞赛场上的答题技巧，提升临场发挥能力。同时，他强调，学校长期以来十分注重人才的培养，在理论知识与实操能力的结合上更是下足功夫，通过多种培养模式来为印刷行业培养基础理论扎实、工程创新意识高、实践操作技能强的复合型技能人才。此次绿色印刷知识竞赛是非常好的一次促进人才培养的机会，学校鼓励学生积极参与，活跃参赛氛围，让学生在参与中融会贯通，加强知识的理解。但竞赛只是一个培养学生的手段，核心还是要通过这一渠道来提升学生的专业兴趣，培养专业技能，这是学校的初衷。最后，罗学科对北京印刷学院参赛队寄予了很高的期望，并祝愿同学们不负众望，取得好成绩。

罗学科给北京印刷学院参赛队作动员讲话

参加首届绿色印刷知识竞赛校内模拟赛的全体人员合影留念

　　附：北京印刷学院校长罗学科寄语

　　绿色印刷是当前印刷业发展的方向。北京印刷学院作为印刷行业唯一的本科院校，历来重视学生实践创新能力的培养和提升，希望通过首届绿色印刷知识竞赛展现学生的风采。学校对此非常重视，并将给予全方位的支持。感谢总局组织本次大赛，这是一次让学生开拓视野、提升能力的机会，相信并祝愿北京印刷学院的学生在比赛中取得理想的成绩。

2017-11-24

## 二、北印学子参加首届绿色印刷知识竞赛并获团体三等奖

为深入贯彻党的十九大精神，持续推进印刷行业的"绿色化"发展，2017年11月30日上午，由国家新闻出版广电总局印刷发行司和北京市新闻出版广电局联合主办的"首届绿色印刷知识竞赛"在北京蟹岛举行。

为激发学生不断学习绿色印刷知识，提高学生们对绿色印刷业务技能的兴趣，为绿色印刷的推广及应用营造良好的氛围，在印刷与包装工程学院教学副院长杨永刚、实验室主任刘江浩和教师张婉的组织与指导下，2015级毕昇卓越班桑敏捷、周鑫、李坤洳和2016级毕昇卓越班李悦悦、梁赛茜五名同学组成北京印刷学院学生参赛队，与来自北京市、天津市、河北省、内蒙古、山东省、湖北省和上海出版印刷高等专科学校的七支队伍进行较量。同学们在赛场上沉着应对，展现了良好的精神风貌，并获得了团体三等奖。

参赛学生与指导老师合影

团体三等奖奖牌

# 第三节  印刷行业职业技能大赛

## 一、北印师生在北京市印刷行业职业技能大赛中斩获金奖

2017年1月10日,由北京市新闻出版广电局主办、北京印刷协会承办的第十七届北京市印刷行业职业技能大赛圆满落下帷幕。北印师生获多项奖励。

自2016年4月中旬大赛启动以来,印刷与包装工程学院、职业技术学院精心组织学生参加了初赛、复赛、决赛,工程训练中心积极组织协调校内外实操场地并聘请了校内外专家对学生进行了集中辅导和实操训练。

本届比赛不单独设置学生组,参赛学生和职工同场竞技,对学生的技能要求更高，竞争更为激烈。参赛选手不畏强手，积极创新，在平版制版工比赛中取得了历史上最好的成绩。

印刷与包装工程学院教师贾新苗、印刷工程专业 2014 级卓越班许诚同学获得了平版制版工金奖，印刷工程 2014 级范璟婷同学获得优胜奖。北京印刷学院荣获本届技能大赛特别贡献奖。印刷与包装工程学院张婉、工程训练中心郭俊忠等获得优秀辅导教师称号。工程训练中心郭俊忠获得优秀裁判员称号。

另外，本届比赛将职业技能大赛和职业技能鉴定同步结合进行，共有 2 人获得二级（技师），1 人获得三级（高级工），9 人获得四级（中级工），12 人获得五级（初级工）。

学生获奖证书

指导教师获奖证书

获奖学生领奖

# 二、第六届全国印刷行业职业技能大赛校内选拔赛圆满落幕

2018 年 6 月 27 日，由教务处主办，印包学院承办的第六届全国印刷行业职业技能大赛校内选拔赛颁奖仪式在教 D 楼举行，北京印刷学院教务处副处长李桐、实习工厂总经理郭俊忠、印包学院党委书记刘尊忠、执行院长魏先福、副院长杨永刚出席了颁奖活动。活动由印包学院教学实验中心主任刘江浩主持。

此次选拔赛分为三个工种：平版制版工、平版印刷工和印品整饰工，每个工种的选拔赛包括两个部分：理论知识和实操技能，总成绩按照理论知识占 30%，实操技能占 70% 来计算。三个工种的理论知识竞赛于 2018 年 3 月 28 日举行，实操技能竞赛分别于 2018 年 4 月 25 日、5 月 9 日和 5 月 16 日举行。

平版制版工、平版印刷工和印品整饰工比赛现场

经过校内赛激烈的选拔争夺，最终，张港、李悦悦、闫雪情分别获得平版印刷工、印品整饰工和平版制版工三个工种比赛的一等奖。

**李桐、郭俊忠和刘尊忠分别为一等奖获奖学生颁奖，魏先福为优秀培训师代表颁奖**

颁奖仪式上，张港代表获奖选手发言。他感谢这次技能大赛为他们提供了一个展示自我的平台，校内参赛经历让他们得到了很好的锻炼，也对印刷有了更为直观的认识与了解，丰富了其专业知识和专业技能，为今后的工作打下坚实的基础。最后，刘尊忠对学生学科竞赛提出了具体要求，他指出，理论知识要在实践活动中去检验和升华，而高级别的学科竞赛恰恰可以检验同学们理论知识是否掌握牢固，对专业的理解和热爱是否坚定，希望同学们珍惜机会，加强学习，重视动手操作技能的训练，为在北京市赛和全国比赛中获得好名次奠定基础。

获奖选手与领导合影留念

## 三、专业师生在第六届全国印刷行业职业技能大赛中收获满满

在《国家新闻出版署关于表彰 2018 年中国技能大赛——第六届全国印刷行业职业技能大赛获奖人员的决定》中，我校印刷工程专业师生在职工组、学生组均取得不俗成绩。1 名教师获得平版制版员职工组二等奖，3 名学生获得平版制版员学生组三等奖，3 名学生获得印品整饰工学生组二等奖，2 名学生分别获得平版制版员、平版印刷员学生组优秀奖；在《关于表彰在 2018 年中国技能大赛——第六届全国印刷行业职业技能大赛中作出突出贡献的单位和个人的通报》中，印刷工程综合训练中心（北京市级）的 4 名专业教师获得"优秀裁判员"称号。

# 第四节　全国大学生印刷科技创新竞赛

## 一、首届"金印杯"全国大学生印刷科技创新竞赛举行

由教育部高等学校轻工类专业教学指导委员会主办，北京印刷学院承办的教育部高等学校轻工类专业教学指导委员会（印刷工程专业组）会议暨首届"金印杯"全国大学生印刷科技创新竞赛在北京印刷学院学术交流中心第七会议室举行。教育部高等学校轻工类（印刷工程方向）教学指导委员会委员，来自全国 17 所高校的领导、相关专业负责人与教师、行业专家、参赛项目指导教师及项目组成员，以及企业代表参加了会议。会议共设 5 个环节，分别为：开幕式、竞赛答辩、传达教学改革进展和有关会议精神、颁奖仪式、会议总结。

北京印刷学院副校长蒲嘉陵，教育部高等学校轻工类教学指导委员会秘书长何有节分别代表主办单位致欢迎词。武汉大学教授万晓霞介绍了首届"金印杯"全国大学生印刷科技创新竞赛的前期工作、预赛及项目初审的工作情况。

签署"金印杯"全国大学生印刷科技创新竞赛赞助协议

首届"金印杯"全国大学生印刷科技创新竞赛共经过近两个月时长，于

2018 年 9 月底在武汉进行预赛，共有 15 所高校的 80 余名学生进入决赛。决赛环节分为本科及专科两个组别进行，本科 16 组、专科 6 组。来自全国各高校的学生代表现场对其科技创新项目进行展示，各位评审老师就项目对学生代表提问，现场交流气氛浓厚。

**参赛学生在项目陈述及答辩中**

经过评审组的认真讨论，本届"金印杯"全国大学生印刷科技创新竞赛共产生一等奖 4 项、二等奖 7 项、三等奖 11 项。北京印刷学院获一等奖 1 项，三等奖 3 项。

**颁奖仪式**

全体师生合影

万晓霞对会议做最后总结，她表示，首届"金印杯"全国大学生印刷科技创新竞赛为高校师生提供了一个展示创新成果的平台，希望未来有更多的高校参与进来，一起打造一个更具影响力的赛事，为大学生的创新创造提供更广阔的空间。

## 二、教育部高等学校轻工类专业教学指导委员会"两赛一会"在学校举办

2019年10月19—20日，由教育部高等学校轻工类专业教学指导委员会主办，北京印刷学院承办的第二届"金印杯"全国大学生印刷科技创新竞赛决赛，第二届高等学校印刷工程专业青年教师讲课竞赛决赛，2018—2022年教育部高等学校轻工类专业教学指导委员会印刷工程专业指导工作组（以下简称"工作组"）成立大会在学校新创大厦学术交流中心举行。来自武汉大学、上海理工大学、西安理工大学和北京印刷学院等12所全国同类高校的150余名专家、师生以及企业代表参加了本次会议。

10月19日，第二届"金印杯"全国大学生印刷科技创新竞赛决赛先期举行。入围本次决赛的有来自全国高校印刷工程专业本科高校和部分高职院校的24个项目以及4个展示项目，这些项目成果是颜色科学、图像处理与智能检测技术、

RFID技术、AR技术、3D打印技术、云印及网络技术、新型导电生物墨水、印刷型环保材料和"非遗"印刷技艺等印刷科技发展的最新成果。同学们精彩的陈述、自信的答问和得体的展示，赢得了评委的高度评价和师生的热烈掌声，是学生良好精神风貌的呈现，也反映了当代印刷工程专业学生对印刷科技与行业发展前景满满的信心。

第二届"金印杯"全国大学生印刷科技创新竞赛决赛举行

学生参加印刷科技创新竞赛决赛陈述与答辩环节

# 第五节 全国高校数字艺术设计大赛

## 一、印包学子在第六届全国高校数字艺术设计大赛中斩获佳绩

2018 年 10 月 20 日，由工业和信息化部、教育部指导，由工业和信息化部人才交流中心、联合国训练研究所上海中心共同主办的第六届全国高校数字艺术设计大赛（NCDA）颁奖典礼在成都召开。来自全国各地二百多所院校的近四百位获奖师生参加了本次大会，学校印刷与包装工程学院学生的原创数字交互作品"Printy"（由 15 级数印学生刘佳琪、乔锐、朱雪慧完成，指导教师为梁炯、蒋晓冰）获得命题类作品组二等奖，梁炯获得优秀指导教师称号。

在数字信息时代，信息表达方式已经由传统纸媒延拓至移动交互媒体。北京市"一流专业"——印刷工程专业遵循"新工科"人才培养理念，探索利用本专业的科技和逻辑思维优势，与艺术设计相结合，将"产品的创作成型"作为未来学生培养的重要手段。本次学生作品获奖，正是基于这种人才培养新思维的一次尝试。

获奖数字交互作品"Printy"（一）

**获奖数字交互作品"Printy"（二）**

刘佳琪、乔锐上台领奖

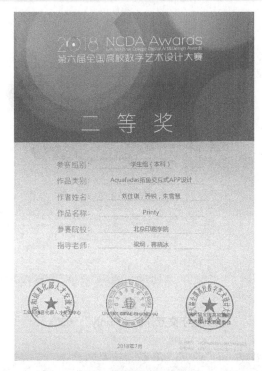

获奖证书

优秀指导教师证书

# 二、学校在"未来设计师"杯第八届全国高校数字艺术设计大赛中再创佳绩

全国高校数字艺术设计大赛（简称 NCDA 大赛）自 2012 年开始，每年举办一届，是一项高规格、高水平的专业赛事，拥有广泛的知名度与参与度，为艺术设计领域专业的品牌赛事。在第七届比赛中，印包学子覃康世、魏京柔的命题类作品"运转中的四色胶印机"获得三等奖。

第八届大赛秉承"设计为人民服务，培养未来设计师"的理念，坚持艺术与技术并重、学术与公益并重，设置非命题及命题两大类，既鼓励大学生充分发挥艺术想象力，也引导大学生对接地方政府及企事业单位需求定向设计，吸引全国 1106 所高校参与其中。共征集视觉传达、数字影像、交互设计、环境空间、造型设计、时尚与服饰、数字绘画等类别作品 60113 幅。

由工业和信息化部人才交流中心主办的"未来设计师"杯第八届全国高校数字艺术设计大赛颁奖盛典于 2020 年 11 月 14—15 日在浙江嘉兴圆满落幕，印刷工程专业学生高心怡、王彧琛、白旋力的交互设计作品"华夏器韵"获得华北赛区一等奖、全国总决赛二等奖；钱依琳、王芷棋、张赫育的数字绘画作品"菌菌与藻藻"获得华北赛区二等奖、全国总决赛三等奖。

据悉，本届赛事共有 1106 所高校参赛，共征集视觉传达、数字影像、交互设计、环境空间、造型设计、时尚与服饰、数字绘画等类别作品 60113 幅作品。各分赛区晋级的作品入围全国终评，获国赛一、二、三等奖的占作品总数的比例分别为 2.25%、3.6%、5.4%。全国高校数字艺术设计大赛是一项高规格高水平的赛事，拥有广泛的知名度与参与度，成为艺术设计领域专业的品牌赛事。大赛立足产业需求，与高校专业设置紧密结合，为推动创新创业，促进高质量就业起到积极作用。大赛坚持艺术与技术并重，学术与公益并重，要求参赛学生充分发挥自身的专业优势和创新能力，将激情与热情投入到大赛中。

**华北赛区一等奖获奖证书**

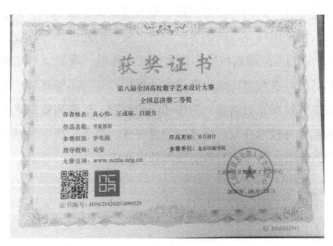

**全国总决赛二等奖获奖证书**

# 第六节 其他印刷类专业大赛

## 一、北京印刷学院学子在"SHOTS 全球竞赛"中获得佳绩

近日，由印刷模拟系统开发商法国 Sinapse 公司与上海泛彩图像设备有限公司联合组织的第二届"SHOTS 全球竞赛"圆满落下帷幕。北京印刷学院印刷与包装工程学院 5 位教师指导五队学生参与此赛事，并获得了团体第二名的优异成绩。2008 级印刷工程专业 3 班的肖立军同学以优异成绩入选"SHOTS 全球竞赛"的个人比赛。

第二届"SHOTS 全球竞赛"于 2011 年 11 月 28 日正式拉开帷幕，本次竞赛共吸引了包括法国、加拿大、德国、韩国、中国等国家在内的 30 个参赛小组 100 余名选手参赛。本次竞赛旨在促进印刷技术的普及，并倡导印刷故障排除技术不分国界的理念。北京印刷学院印包学院派出 5 组共 25 名同学参加了本次赛事。比赛成绩较好地展现了北京印刷学院学子的专业知识水平和实践动手能力，提升了我校在国内外印刷行业及印刷院校的影响力。

2015 年，我校继续组织学生参加第三届印刷模拟系统全球竞赛。大赛主要考查学生使用单张纸胶印模拟系统 SHOTS V6.0 版本，以最好的方法、最低的成本解决印刷故障，对学生的专业知识、心理素质、临场发挥等各个方面进行全面的考核和检验。

2016 年 3—5 月，我校组织 2013 级、2014 级毕昇卓越班学生参加 SINAPSE 全球包装生产竞赛（使用柔印和胶印模拟系统）。竞赛的目的是为学生展示两种不同印刷方式的印刷前与印刷之间的联系，以及为学校和学生赢得国际认可。最终，我校有 21 名学生进入全球前 140 名。

# 二、印包学子荣获 G3 数字印刷创意设计大赛新锐奖

由世界 500 强企业富士施乐（中国）有限公司与广东省包装技术协会设计专业委员会联合主办，广州创意产业协会承办，GBDO 广东之星创意设计奖组委会、康戴里贸易（上海）有限公司协办的"G3 数字印刷创意设计大赛"颁奖典礼于2019 年 4 月 9 日在广东东莞举行。学校印包学院首次组织学生参加此大赛，学生作品在全国（含港澳台地区）1000 余件参赛设计作品中脱颖而出，斩获 G3 数字印刷创意设计大赛新锐奖。

获奖证书

大赛以"创意前行，价值领先"为主题，主要面向设计领域的知名设计师、新晋设计师，专业广告设计机构、印刷和包装相关生产企业、大学院校师生及各类设计爱好者征集优秀作品，旨在将优秀创意设计作品与富士施乐 Iridesse 数字印刷新技术相结合，以挖掘最具创意和最具数字印刷商业价值的产品，推动中国数字印刷技术与创意设计之间的联动发展，为数字印刷行业开拓更为广阔的市场。大赛面向包装类、品牌宣传类、文创产品类三大类别征集作品，共设有 G3 品类奖、G3 新锐设计奖、G3 创意大奖等数十项大奖。

学生获奖作品

附：获奖作品简介

该作品主体由台历及便签两部分组成。台历部分使用富士施乐公司艺术纸Antalis 系列 250g/m² 纸张作为承印物，由图灵六色打印机完成印刷。由于台历是在彩色纸张上印刷，所以彩色图文部分需要先印刷一层专色金属油墨进行打底以得到更佳的印刷效果；便签部分统一为红色纸张，每页均有模切图案，台历纸随着使用后张数逐渐减少，最终成型为上海世博馆模型。作品元素以京剧脸谱、汉字、印章、祥云为主，其底色乃是中国红，蕴含着古色古香的气息，延续了中国红色印记，融入脸谱元素，更是突出我国特有的京剧文化。脸谱右侧耳朵挂坠为一个印章，凸显印刷的起源，且其上刻字为"发"，寓意发家、和气生财。

# 第三章　创新创业

# 第一节 印刷文明传承体验中心

## 一、中国印刷：北印印包学院"印刷文明传承体验中心"：凸版活字印刷 历经 70 年后再现印刷之美

近日，有幸参观了坐落于北京印刷学院校内的新创大厦 7 层的"印刷文明传承体验中心"。该体验中心由北京印刷学院印刷与包装工程学院创办，全面展示了中华印刷文明发展的历程和印刷文化发展的精髓。

印刷文明传承体验中心

回顾历史，优秀的印刷人用精湛的工艺结合丰富的色彩，为世人展现了优美的印刷艺术文明。据印刷与包装工程学院副院长杨永刚介绍说，印刷文明传承体验中心建立的初衷是为传承中华印刷文明、弘扬印刷的悠久文化。宗旨就是为了坚持立德树人的根本任务，培育具有创新精神和实践能力的复合应用型人才，使"爱国、爱校、爱专业"的荣誉感深植内心。

学生在操作海德堡 LetterPress 凸版印刷机

在接近 200 平方米的印刷文明传承体验中心内，还有一道颇引人注意的风景，那就是一台占地 4 平方米左右的外号叫"小怪兽"的古董级印刷机——海德堡 LetterPress 凸版印刷机立于体验中心。据体验中心负责人王钰女士介绍，该设备全称为 Heidelberg Windmill，业界人士也称之为"大风车"，重达 1 吨多，它在海德堡长达 150 多年的发展历程中可谓"开国"元勋之一。目前，体验中心引进的这台"小怪兽"是国内为数不多可以运转起来的设备之一，是学院历经大半年时间从法国淘来的一台精品。

风靡于 20 世纪 50 年代的 LetterPress，随着计算机技术和胶印技术的不断完善和快速发展，70 年代后期逐渐淡出印刷行业。近年来，随着消费市场的变化，消费者对小众个性化、精细高品质印品的高度追求，LetterPress 这种既能凸显质感印刷品质又带有历史厚重感的半自动古老印刷方式重新回到了人们的视野，深受设计师、艺术家、手工艺者的青睐。安放在印刷文明传承体验中心的这台"小怪兽"听说在购进之初也是同某高校设计系教授"公平竞争"后，方才入驻体验中心的。

究其魅力之处，LetterPress 采用传统的凸版印刷方式，将图文部分制成凸起的印版，在蓬松的厚卡纸上实现雕刻一般的印刷效果。相比较现代高效率、高科技的印刷方式，LetterPress 以其特有的方式，实现小批量复杂工艺的精美文字、曲线以及大色块的清晰印痕印制。同样的印制配置，可实现印刷、压凹凸、烫金等不同工艺的制作。因此，这种古老的印刷方式，加之现代的设计水平，印制出的产品更有种现代高科技印刷方式不好实现的凹凸纹理和与众不同的质感。据悉，这个印刷"小怪兽"还"出演"过一部名叫"Seven Pounds"《七磅》的电影，在剧中它便是那男女主角的"红娘"。如今，在全球很多地方的文化艺术工作室都能找到"小怪兽"身影。

凸版印刷作品

话题回到印刷文明传承体验中心，印刷与包装工程学院副院长杨永刚介绍印刷文明的发展历程时表示，1400 年前的隋唐时期，中国发明了雕版印刷术；1000 年前的北宋时期，毕昇发明了活字印刷术，系中国古代四大发明之一，曾对世界文明进程和人类文化发展产生过重大影响，成为印刷史上一次伟大的技术革命；500 多年前的德国，古登堡发明了铅活字印刷术；40 年前的中国，北京大学的王选发明了汉字激光照排系统。而凸版印刷是人类文明史上最古典、尊贵的印刷工艺，它的历史沉淀、芳华质感与独特魅力在新时代的今天仍然散发着迷人的气息，广受人们的青睐。这也是引进 LetterPress 的初衷。

如今，人们的生活逐渐被电子化，印刷这个具有悠久历史文明的行业被年轻一代所淡化，北京印刷学院印刷与包装工程学院希望通过印刷文明传承体验中心来为在校的学生以及业内人士展示印刷术的魅力所在。印刷文明需要传承，传统印刷行业需要创新，行业的发展离不开前辈人的积累，更离不开后辈人的延续和创新。传承印刷文明，北印在行动。

## 二、又是一年新，万物皆可盼！2021 北印专属日历来啦！

荏苒一岁过，新桃旧符迭

挥别 2020

迈入充满希望的 2021

过去一年的磨砺

给未来注入了磅礴动力

送你 2021 北印专属日历

学习中国印刷术发展史

愿我们共同创造新的时代

中国印刷术发展史略

北京印刷学院

2021年北京印刷学院 Letterpress校园台历

作者: 刘桂玉、罗艺璇、丑池巍、           指导老师: 张整峰、杨永彪
学欣雨、董倩凤、王锦、刘思凡
出品: 北京印刷学院 OUT&IN活版印工坊            地址: 北京市大兴区兴华大街（二段）1号

## 一月

| 日 | 一 | 二 | 三 | 四 | 五 | 六 |
|---|---|---|---|---|---|---|
| | | | | | 1<br>元旦 | 2<br>十九 |
| 3<br>二十 | 4<br>廿一 | 5<br>小寒 | 6<br>廿三 | 7<br>廿四 | 8<br>廿五 | 9<br>廿六 |
| 10<br>廿七 | 11<br>廿八 | 12<br>廿九 | 13<br>腊月 | 14<br>初二 | 15<br>初三 | 16<br>初四 |
| 17<br>初五 | 18<br>初六 | 19<br>初七 | 20<br>腊八 | 21<br>大寒 | 22<br>初十 | 23<br>十一 |
| 24<br>十二 | 25<br>十三 | 26<br>十四 | 27<br>十五 | 28<br>十六 | 29<br>十七 | 30<br>十八 |
| 31<br>十九 | | | | | | |

> 1月——隋大业三年(公元607)的《敦煌隋木刻敷彩佛像》是"雕版肇自于隋"的有力见证。雕版印刷术的发明,加快了书籍的生产,加速了信息的传播,推动了社会文明的进程,因而,雕版印刷术被人们称为"文明之母"。

隋大业三年敷彩印刷佛像

隋大业三年（公元 607 年）的《敦煌隋木刻敷彩佛像》是"雕版肇自于隋"的有力见证。雕版印刷术的发明，加快了书籍的生产，加速了信息的传播，推动了社会文明的进程，因而，雕版印刷术被人们称为"文明之母"。

## 二月

> 2月——1900年出土于敦煌藏经洞的唐代佛经刻印本《金刚般若波罗蜜经》是世界上现存最早的有明确刊印日期的完整的雕版印刷品。

《金刚般若波罗蜜经》佛像

| 日 | 一 | 二 | 三 | 四 | 五 | 六 |
|---|---|---|---|---|---|---|
| | 1<br>二十 | 2<br>廿一 | 3<br>立春 | 4<br>北方小年 | 5<br>南方小年 | 6<br>廿五 |
| 7<br>廿六 | 8<br>廿七 | 9<br>廿八 | 10<br>廿九 | 11<br>除夕 | 12<br>春节 | 13<br>初二 |
| 14<br>情人节 | 15<br>初四 | 16<br>初五 | 17<br>初六 | 18<br>雨水 | 19<br>初八 | 20<br>初九 |
| 21<br>初十 | 22<br>十一 | 23<br>十二 | 24<br>十三 | 25<br>十四 | 26<br>元宵节 | 27<br>十六 |
| 28<br>十七 | | | | | | |

1900 年出土于敦煌藏经洞的唐代佛经刻印本《金刚般若波罗蜜经》是世界上现存最早的有明确刊印日期的完整的雕版印刷品。

## 三月

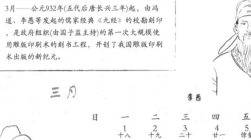

3月——公元932年(五代后唐长兴三年)起，由冯道、李愚等发起的儒家经典《九经》的校勘刻印，是政府组织(由国子监主持)的第一次大规模使用雕版印刷术的刻书工程，开创了我国雕版印刷术出版的新纪元。

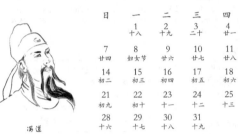

公元932年（五代后唐长兴三年）起，由冯道、李愚等发起的儒家经典《九经》的校勘刻印，是政府组织（由国子监主持）的第一次大规模使用雕版印刷术的刻书工程，开创了我国雕版印刷术出版的新纪元。

## 四月

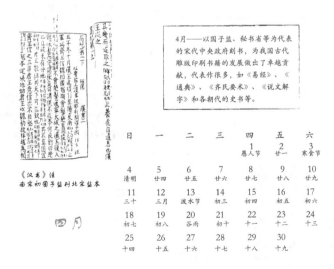

《汉书》注
南宋初国子监刊北宋监本

4月——以国子监、秘书省等为代表的宋代中央政府刻书，为我国古代雕版印刷书籍的发展做出了卓越贡献，代表作很多，如《易经》、《通典》、《齐民要术》、《说文解字》和各朝代的史书等。

以国子监、秘书省等为代表的宋代中央政府刻书，为我国古代雕版印刷书籍的发展做出了卓越贡献，代表作很多，如《易经》《通典》《齐民要术》《说文解字》和各朝代的史书等。

## 五月

5月——中国是世界上最早发明与使用纸币的国家。北宋交子是世界上最早的纸币(雕版印刷品)。与钱引、会子、关子等一起，分别成为宋代前后连贯的主流纸币。实物纸币迄今尚未发现，存世的只有宋代钞版，如千斯仓版、行在会子库版和关子钞版等三种。关子钞版开始出现多色套印技术，强化了纸币的防伪功能。

| 日 | 一 | 二 | 三 | 四 | 五 | 六 |
|---|---|---|---|---|---|---|
| | | | | | | 1<br>劳动节 |
| 2<br>廿一 | 3<br>廿二 | 4<br>青年节 | 5<br>立夏 | 6<br>廿五 | 7<br>廿六 | 8<br>廿七 |
| 9<br>母亲节 | 10<br>廿九 | 11<br>三十 | 12<br>护士节 | 13<br>初二 | 14<br>初三 | 15<br>初四 |
| 16<br>初五 | 17<br>初六 | 18<br>初七 | 19<br>初八 | 20<br>初九 | 21<br>小满 | 22<br>十一 |
| 23<br>十二 | 24<br>十三 | 25<br>十四 | 26<br>十五 | 27<br>十六 | 28<br>十七 | 29<br>十八 |
| 30<br>十九 | 31<br>二十 | | | | | |

交子，北宋四川印刷的纸币

五月

中国是世界上最早发明与使用纸币的国家。北宋交子是世界上最早的纸币(雕版印刷品)。与钱引、会子、关子等一起，分别成为宋代前后连贯的主流纸币。实物纸币迄今尚未发现，存世的只有宋代钞版，如千斯仓版、行在会子库版和关子钞版三种。关子钞版开始出现多色套印技术，强化了纸币的防伪功能。

## 六月

《毕昇活字印刷流程图解》校对印版

6月——刻版印刷工匠毕昇于北宋庆历(公元1041-1048年)年间，发明了胶泥活字，开创了活字版印刷术的新纪元，为世界文明的发展做出了伟大贡献。其活字版印刷工艺被详细记载在北宋学者沈括的《梦溪笔谈》中。南宋周必大在绍熙四年(公元1193年)曾用泥活字版印过自著的《玉堂杂记》一书。

六月

毕昇

| 日 | 一 | 二 | 三 | 四 | 五 | 六 |
|---|---|---|---|---|---|---|
| | | 1<br>儿童节 | 2<br>廿二 | 3<br>廿三 | 4<br>廿四 | 5<br>芒种 |
| 6<br>廿六 | 7<br>廿七 | 8<br>廿八 | 9<br>廿九 | 10<br>五月 | 11<br>初二 | 12<br>初三 |
| 13<br>初四 | 14<br>端午节 | 15<br>初六 | 16<br>初七 | 17<br>初八 | 18<br>初九 | 19<br>初十 |
| 20<br>父亲节 | 21<br>夏至 | 22<br>十三 | 23<br>十四 | 24<br>十五 | 25<br>十六 | 26<br>十七 |
| 27<br>十八 | 28<br>十九 | 29<br>二十 | 30<br>廿一 | | | |

刻版印刷工匠毕昇于北宋庆历(公元1041—1048年)年间，发明了胶泥活字，开创了活字版印刷术的新纪元，为世界文明的发展做出了伟大贡献。其活字版印

刷工艺被详细记载在北宋学者沈括的《梦溪笔谈》中。南宋周必大在绍熙四年（公元 1193 年）曾用泥活字版印过自著的《玉堂杂记》一书。

## 七月

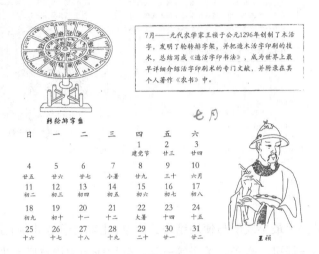

七月——元代农学家王祯于公元1296年创制了木活字，发明了轮转排字架，并把造木活字印刷的技术，总结写成《造活字印书法》，成为世界上最早详细介绍活字印刷术的专门文献，并附录在其个人著作《农书》中。

元代农学家王祯于公元 1296 年创制了木活字，发明了轮转排字架，并把造木活字印刷的技术，总结成《造活字印书法》，成为世界上最早详细介绍活字印刷术的专门文献，并附录在其个人著作《农书》中。

## 八月

8月——明代无锡人华燧最早使用铜活字，其会通馆印刷规模最大。他先后制成大、小两幅铜活字，排印出的第一部书是《宋诸臣奏议》，成为我国最早的铜活字印本。无锡人安国的桂坡馆采用铜活字和雕版印书，印制精良。当时，铜活字印刷盛行于苏州、常州、杭州、建宁、南京等地。

明代无锡人华燧最早使用铜活字，其会通馆印刷规模最大。他先后制成大、小两幅铜活字，排印出的第一部书是《宋诸臣奏议》，成为我国最早的铜活字印本。无锡人安国的桂坡馆采用铜活字和雕版印书，印制精良。当时，铜活字印刷盛行于苏州、常州、杭州、建宁、南京等地。

## 九月

九月

9月——明代版画刻印业发展到鼎盛时期，多集中于南京、新安、杭州、建阳等地。多色套印技术发展迅猛，并运用于版画刻印中，以徽州人胡正言为代表的"饾版"、"拱花"为主的彩色版画印刷(木版水印)，将明代的版画印刷推向了顶峰，其《十竹斋书画谱》和《十竹斋笺谱》，是印刷史上划时代的作品，堪称中华民族之瑰宝。

胡正言

《十竹斋书画谱》之花图

明代版画刻印业发展到鼎盛时期，多集中于南京、新安、杭州、建阳等地。多色套印技术发展迅猛，并运用于版画刻印中，以徽州人胡正言为代表的"饾版""拱花"为主的彩色版画印刷（木版水印），将明代的版画印刷推向了顶峰，其《十竹斋书画谱》和《十竹斋笺谱》，是印刷史上划时代的作品，堪称中华民族之瑰宝。

## 十月

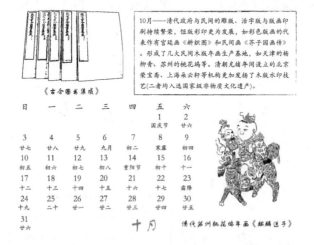

《古今图书集成》

10月——清代政府与民间的雕版、活字版与版画印刷持续繁荣，饾版彩印更为发展，如彩色版画的代表作有宫廷画《耕织图》和民间画《芥子园画传》。形成了几大民间木版年画生产基地，如天津的杨柳青、苏州的桃花坞等。清朝光绪年间设立的北京荣宝斋、上海朵云轩等机构更加发扬了木版水印技艺(二者均入选国家级非物质文化遗产)。

十月

清代苏州桃花坞年画《麒麟送子》

清代民间的雕版、活字版和版画印刷持续繁荣，饾版彩印更为发展，如彩色版画的代表作有宫廷画《耕织图》和民间画《芥子园画传》。形成了几大民间木版年画生产基地，如天津的杨柳青、苏州的桃花坞等。清朝光绪年间设立的北京荣宝斋、上海朵云轩等机构更加发扬了木版水印技艺（二者均入选国家级非物质文化遗产）。

十一月

十一月

《韩熙载夜宴图》

11月——新中国成立后，印刷事业飞速发展，传统四大印刷工艺不断革新，为我国社会主义建设与改革开放做出了重要贡献。木版水印与木版年画传承创新，佳作层出不穷，如荣宝斋木版水印珍品《韩熙载夜宴图》和朵云轩的《胡正言十竹斋书画谱》，均具有极高的艺术水准。

《秦兵印象》

| 日 | 一 | 二 | 三 | 四 | 五 | 六 |
|---|---|---|---|---|---|---|
| | 1 廿七 | 2 廿八 | 3 廿九 | 4 三十 | 5 十月 | 6 初二 |
| 7 立冬 | 8 初四 | 9 初五 | 10 初六 | 11 初七 | 12 初八 | 13 初九 |
| 14 初十 | 15 十一 | 16 十二 | 17 十三 | 18 十四 | 19 十五 | 20 十六 |
| 21 十七 | 22 十八 | 23 十九 | 24 二十 | 25 感恩节 | 26 廿二 | 27 廿三 |
| 28 廿四 | 29 廿五 | 30 廿六 | | | | |

新中国成立后，印刷事业飞速发展，传统四大印刷工艺不断革新，为我国社会主义建设与改革开放做出了重要贡献。木版水印与木版年画传承创新，佳作层出不穷，如荣宝斋木版水印珍品《韩熙载夜宴图》和朵云轩的《胡正言十竹斋书画谱》，均具有极高的艺术水准。

十二月

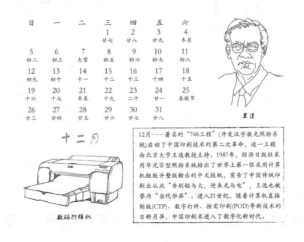

| 日 | 一 | 二 | 三 | 四 | 五 | 六 |
|---|---|---|---|---|---|---|
| | | | | 1 廿七 | 2 廿八 | 3 廿九 | 4 冬月 |
| 5 初二 | 6 初三 | 7 大雪 | 8 初五 | 9 初六 | 10 初七 | 11 初八 |
| 12 初九 | 13 初十 | 14 十一 | 15 十二 | 16 十三 | 17 十四 | 18 十五 |
| 19 十六 | 20 十七 | 21 冬至 | 22 十九 | 23 二十 | 24 廿一 | 25 圣诞节 |
| 26 廿三 | 27 廿四 | 28 廿五 | 29 廿六 | 30 廿七 | 31 廿八 | |

王选

十二月

数码打样机

12月——著名的"748工程"（开发汉字激光照排系统）启动了中国印刷技术的第二次革命，这一工程由北京大学王选教授主持。1987年，经济日报社采用华光Ⅲ型照排系统排出了世界上第一张采用计算机组版并整版输出的中文报纸，宣告了中国传统印刷业从此"告别铅与火，迎来光与电"，王选也被誉为"当代毕昇"。进入21世纪，随着计算机直接制版(CTP)、数字打样、按需印刷(POD)等新技术的日新月异，中国印刷术进入了数字化新时代。

　　著名的"748工程"（开发汉字激光照排系统）启动了中国印刷技术的第二次革命，这一工程由北京大学王选教授主持。1987年，经济日报社采用华光Ⅲ型照排系统排出了世界上第一张采用计算机组版并整版输出的中文报纸，宣告了中国传统印刷业从此"告别铅与火，迎来光与电"，王选也被誉为"当代毕昇"。进入21世纪，随着计算机直接制版（CTP）、数字打样、按需印刷（POD）等新技术的日新月异，中国印刷术进入了数字化新时代。

作品展示

团队介绍

作者：刘桂玉、罗艺璇、丑迎巍、李欣雨、童倩岚、王锦、刘思凡

出品：北京印刷学院 OUT&IN 活版印工坊

指导老师：张登峰、杨永刚

创作初衷：创作日历是印刷文明传承体验中心的实践活动。为了让同学们了解中华悠久的印刷文化，自觉传承弘扬印刷文明，激发学生"爱国、爱校、爱专业"的热情，学校印刷与包装工程学院积极推进"三全育人"，以第二课堂为依托，组织这项实践活动。学生团队中也吸纳了设计艺术学院的同学，加强了学院及专业之间的交流与合作。

一本日历，让时间逝去这件事变得极有仪式感。每翻过一页，逝去一日，也有新的一天等你去填满。2020 年的时光，或美好，或遗憾，都将过去，让我们一起迎接 2021 年的到来吧！

# 第二节　毕格栖众创空间——3D 打印与发泡油墨

## 一、北印学子在第三届中国"互联网＋"大学生创新创业大赛北京赛区决赛中再获佳绩

第三届中国"互联网＋"大学生创新创业大赛北京赛区赛事由北京市教育委员会主办，决赛于 2017 年 7 月 9 日在北京邮电大学举行。共有 3117 个项目报名参赛，经各学校初评，518 个参赛队进入复赛第一轮；经过网络评审，150 个项目进入复赛第二轮。经过现场展示答辩、专家评审，共评出一等奖 39 个，二等奖 110 个，三等奖 368 个。比赛分为创意组、初创组、成长组和就业型创业组四个类别。

在印刷与包装工程学院的精心组织下，师生积极参与大赛并获得优异成绩。其中，由孙志成老师指导，学生李东升、赵佳玮、袁晨阳完成的作品《发泡印刷——追求立体与实用的技术》，以及由胡堃老师指导，学生薛盼盼、张春阳、潘曦雨、倪继宇、严佳、肖永昊完成的作品《可用于 3D 打印个性化人工骨修复体用线材的研究及产业化》经过前期的准备和方案优化，最终均以优异的成绩获得创意组三等奖。

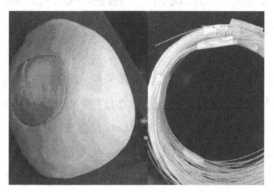

可用于 3D 打印个性化人工骨修复体用线材

获奖证书

本次大赛的成功举办，进一步突出了"双创教育打牢基础、双创大赛搭建平台、创业孵化夯实服务"的北京大学生创新创业教育三位一体格局，提高了北京市大学生的创新创业整体水平，在深化高校创新创业教育改革中探索出一条新路子，呈现出"以创新促创业、以创业推创新"的生动局面。此次大赛取得的成绩展示了北印学子卓越的创新创业能力，为学校扎实推进创新创业教育和深化本科教学综合改革指明了方向。

## 二、北印学子获"挑战杯"首都大学生课外学术科技作品竞赛一等奖

近日，第十届"挑战杯"首都大学生课外学术科技作品竞赛结果出炉，由学校印刷与包装工程学院教师孙志成指导，2017级高分子材料与工程专业本科学生杜晓阳等同学设计的科技发明制作类作品《保温变色微胶囊油墨及其产品的开发应用》经过线上专家评审和现场答辩环节，从来自北京大学、清华大学、中国人民大学、北京理工大学、北京化工大学等86所首都高校的1275件参赛作品中脱颖而出，荣获一等奖，实现学校参加"挑战杯"首都大学生课外学术科技作品竞赛的历史性突破，并将代表学校参加于2019年10月举行的第十六届"挑战杯"全国大学生课外科技学术作品竞赛。

"保温变色微胶囊油墨及其产品的开发应用"项目团队参加答辩

"挑战杯"全国大学生课外学术科技作品竞赛是一项具有导向性、示范性和群众性的全国竞赛活动，是当代大学生科技创新领域中的权威赛事，被誉为当代大学生科技创新的"奥林匹克"盛会。"挑战杯"竞赛层次高、规模大、参赛范围广、社会知名度高，已经成为引领青年学生创新创业的品牌赛事。

近年来，学校紧密结合学科专业特色和人才培养目标，高度重视本科生创新创业能力的培养，升级大学生创新创业园，打破学院、专业、年级壁垒，为学生提供全方位的创新创业普适教育、项目实践孵化和创新创业指导服务。坚持以赛促创，不断激发学生的创新创业热情，成绩上不断取得突破。今年3月以来，学校开展北京印刷学院第四届创新创业大赛，通过项目征集、课程培训、答辩路演等环节，从100余项创新作品中推选15项作品参加本次"挑战杯"首都大学生课外科技学术作品竞赛，荣获一等奖1项，三等奖7项。

《保温变色微胶囊油墨及其产品的开发应用》项目通过研发掺杂纳米碳化硅的改性相变微胶囊，提高了相变微胶囊的储热导热性能，具有成本低、通用性强的特点。目前已申请中国发明专利3项，发表微胶囊方面的学术论文约15篇，其中SCI检索论文4篇，EI检索论文3篇。

下一步，学校将继续深化教育教学改革，持续建好大学生创新创业园，积极营造创新创业氛围，推动高水平、高质量的"双创"人才培养，力争在北京市、国家级创新创业竞赛活动中再创佳绩。

学校举办第四届校内创新创业大赛

## 三、学校教师胡堃领衔的"北京印刷"团队荣获第三届"创业北京"创业创新大赛创新组冠军

2020年8月27日，学校印刷与包装工程学院教师胡堃领衔的"北京印刷"

团队以"三维打印骨修复材料产业化"项目荣获第四届"中国创翼"创业创新大赛北京市选拔赛暨第三届"创业北京"创业创新大赛决赛创新组一等奖。

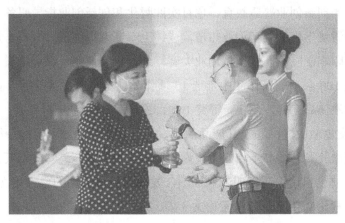

学校教师胡堃领衔的"北京印刷"团队荣获第三届"创业北京"创业创新大赛北京市选拔赛创新组冠军。

本届大赛以"创响新时代 共圆中国梦"为主题,自4月启动以来,共915个项目报名参赛。项目涵盖文化创意、互联网TMT(数字新媒体产业)、人工智能、现代服务业、医疗健康、新能源新材料、装备制造、现代农业、新冠肺炎疫情防控等多个领域。经过层层选拔淘汰,最终共有36家企业及创新团队参加决赛,比赛分创业项目组、创新项目组,分别决出一等奖1名、二等奖3名、三等奖6名和优秀奖8名。

胡堃向与会嘉宾领导介绍项目进展情况

项目路演现场

本届大赛由市人力资源社会保障局、市发展改革委、市科委、市扶贫支援办、中关村管委会、团市委、市妇联、市残联联合主办，北京市创业指导中心、启迪之星（北京）科技企业孵化器有限公司承办，是以新动能支撑保市场主体、保就业的重要举措，也是为营造北京市创新创业氛围，培养创新创业意识，鼓励中小微企业稳定发展。

一直以来，胡堃致力于应用型科学研究工作，曾指导硕士研究生及本科生先后获得"金印杯"第二届全国大学生印刷科技创新竞赛一等奖，"创青春"首都大学生创业大赛铜奖，多次获得中国"互联网＋"大学生创新创业大赛奖项，"英诺创新空间杯"文化创新大赛优秀奖，第三届"创青春"中国青年互联网创业大赛优秀作品奖等多个奖项。本次以"北京印刷"创新团队参赛，自大兴区预选赛以创新组第二名的成绩被推荐至北京市参加市级选拔赛，继而晋级决赛并最终获得创新组第一名的好成绩。

# 四、"北京印刷"团队荣获全国第四届"中国创翼"创业创新大赛二等奖

第四届"中国创翼"创业创新大赛全国选拔赛及决赛在江西省景德镇市圆满

落幕，由学校教师胡堃带领的"北京印刷"团队"三维打印骨修复材料产业化项目"荣获"中国创翼"创业创新大赛创新组二等奖，并被人力资源和社会保障部授予"全国优秀创业创新项目"称号。

学校 "北京印刷"团队荣获全国第四届"中国创翼"创业创新大赛二等奖

第四届"中国创翼"创业创新大赛由人社部联合国家发展改革委、科技部、国务院扶贫办、共青团中央、中国残联、人力资源社会保障部、江西省人民政府共同举办。共计 4 万多个创业项目报名参赛，同比增长将近 40%。

比赛现场

颁奖现场

此前，胡堃带领的"北京印刷"团队在第四届"中国创翼"创业创新大赛北京市选拔赛暨第三届"创业北京"创业创新赛决赛中以创新组一等奖，成功进入国赛选拔赛，并最终获得国赛创新组二等奖。

# 第三节　创新创业成果展示

## 一、北印学子获大学生科技创新作品与专利成果展示会金奖

2016 年 12 月 3 日，北印大学生科技创新和创新创业工作又传喜讯，在第五届大学生科技创新作品与专利成果展示推介会上，北京印刷学院《寻梦青春·新醉红楼》《一团和气》《3D 立体地标卡通地图》三项作品分获金奖和铜奖，在全国参赛各高校决赛创意类作品中排名第一。

《寻梦青春·新醉红楼》荣获金奖

　　此项赛事由市科协、市教委、团市委、中关村管委会等 7 家单位联合主办，面向全国征集大学生创新作品。最终入围决赛 110 项作品，涉及 11 个领域。

许诚同学向市科协领导介绍《寻梦青春·新醉红楼》

北印学子在科技创新和创新创业上再创佳绩

印包学院学生许诚、李鹏飞、王慧敏团队创作的金奖作品《寻梦青春·新醉红楼》夜光镂空书，将镂空雕刻的艺术表现手法运用到书籍图文的制作中，配以夜光油墨、丝网印刷，经激光雕刻等印后加工，呈现出发光的图文与立体的艺术效果，以这种极具创意的形式展示《红楼梦》，传承中华传统文化、弘扬华夏灿烂文明。

设艺学院王鹏、狄维玲团队创作的铜奖作品《一团和气》，立足十二生肖，结合现代极简设计风格，将传统文化进行全新演绎，并与现代设计潮流有机融合。

印包学院学生刘芮、周辉、朱琳、梁冬、张名扬团队创作的铜奖作品《3D立体地标卡通地图》，利用3D打印机打印地图地标、PLA弹性打印丝作为打印原材料、喷墨打印技术打印地图，并融合卡通元素，寓教于乐。

# 二、印包学院双创作品展示

1. 项目名称：《梦寻青春·新醉红楼》夜光镂空书

项目类别：科技发明制作

项目作者：许诚　印刷与包装工程学院

　　　　　李鹏飞　印刷与包装工程学院

　　　　　王慧敏　设计艺术学院

**镂空书设计效果图**

作品的科学性、先进性及独特之处：

（1）该作品制作工艺成熟。该作品采用了激光雕刻的成型方式，具有高效、精准和大批量生产的特点。

（2）发光效果。把长余辉材料均匀分散在浅色油墨中，运用丝网印刷的方式将油墨叠印在图文上。该油墨无毒、环保，没有放射性，在光亮处通过吸收光亮储存光能，在暗处可自发光。既不影响图文在白天的显示效果，在黑暗环境中图文还可呈现出淡雅的荧光，别具优雅的东方韵味。

（3）保存时间长。采用现代工艺的特种纸材料制成，用宋朝四孔古线装订法，整体牢固实用，并用纯色木盒封装，古色古香，具有保存长久、便于运输等优点。

镂空书是当下一种新型的书籍形式，与传统图书相比它层次感更强，可以带给读者内容之外的艺术感受和审美愉悦，使阅读具有更好的互动感和趣味性，在国内外文创作品市场上发展势头迅猛。该作品运用新设计、新材料、新工艺，在文创作品的应用领域属于国内首创、国际领先水平。

镂空书作品及外包装整体展示

作品的实际应用价值和现实意义：

《红楼梦》是我国四大古典名著之首，也是世界文学经典名著，中国又是稀土资源大国，其储量和产量皆为世界第一。该作品精心设计图稿，创造性地将稀土材料长余辉夜光油墨应用于激光雕刻的《红楼梦》镂空书，是应用现代科技彰显古典艺术之美的优秀文创作品。

该书非常适合作为高档文化礼品馈赠朋友和外宾，是对外文化交流的馈赠珍贵图书，既推广了中国优秀古典文化，同时又彰显了印刷文明，在高端图书收藏中具有独特的收藏和艺术价值，带动我国文化创意产业更好地发展。

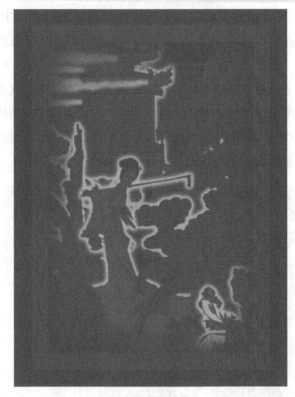

**镂空书夜光效果**

获奖或发表情况：

（1）2016年于北京获得北京市科学技术协会举办的第五届大学生科技创新作品与专利成果展示推介会上获"创意金奖"。

（2）2016年于北京印刷学院举办的第二届"创意印"印刷方案设计大赛上获特等奖。

（3）2016年作为由北京市教育委员会举办的第三届北京市大学生创新创业成果展示与经验交流会参展作品。

2.项目名称：3D立体地标卡通地图

项目类别：科技发明制作

项目作者：陈新　印刷与包装工程学院

　　　　　喻芸诗　印刷与包装工程学院

　　　　　杜凌峰　印刷与包装工程学院

3D 打印地标卡通地图展示效果

作品的科学性、先进性及独特之处：

与现有技术相比，地图地标采用 3D 打印技术，在选材上选用新型环保材料 PLA，而且对于造型方面也有较大的选择空间。此外，地图一侧有卷轴装置，可将地图卷起储存，节省空间。设计并制造出一份科普地图，地图做成卷轴式，将中国地图喷墨打印在承印物上，与地图相应位置符合，将其最典型的标志性物体用 3D 打印技术打印出来，做成立体地标。

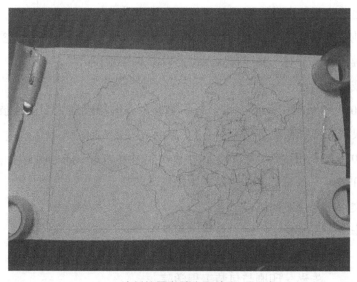

绘制的黑白稿中国地图

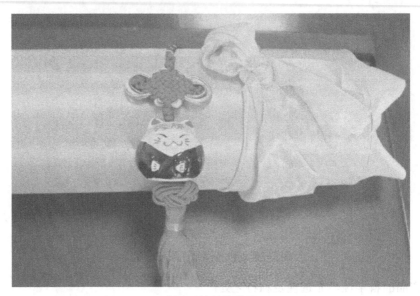

**卷取后的科普地图**

作品的实际应用价值和现实意义：

用 3D 打印技术打印中国地图上的一些地标或者能代表当地特色的事物，除此之外，打印木色卷轴和科普人物的卷轴，将地图嵌入卷轴，可以作为教具并根据实际需要打印所需地标。该地图的定位为科普性地图，以立体的小地标加深孩子对一些地理位置的印象，增强孩子对某个地方的认识。

这份地图的受众是 5 ～ 12 岁的儿童，此年龄段的孩子大多爱亲身实践学习，通过亲手触摸，孩子对一些科普知识也比较容易接受和记忆。

获奖或发表情况：

（1）2016 年获得由北京市科学技术协会举办的第五届大学生科技创新作品与专利成果展示推介会三等奖。

（2）2016 年获得由北京印刷学院印包学院举办的第二届"创意印"一等奖。

3. *项目名称：可用于骨修复的人工骨线材的研发*

项目类别：科技发明制作 A 类

项目作者：肖永昊　印刷与包装工程学院

　　　　　潘顺　印刷与包装工程学院

　　　　　朱琳　印刷与包装工程学院

　　　　　杨灵琳　印刷与包装工程学院

刘芮 印刷与包装工程学院

周辉 印刷与包装工程学院

赵振山 信息工程学院

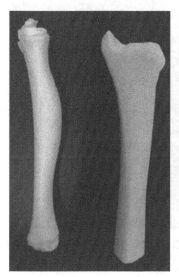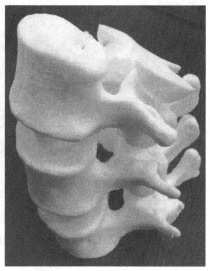

3D 打印人体骨骼

作品的科学性、先进性及独特之处:

本品为个性植入体的制备提供原材料,并借助 FDM 型 3D 打印机进行成型制造,有助于青少年骨缺损、骨修复的快速治疗,对推动个性化精准治疗具有重要的推动作用。胶原是人体骨骼的主要有机成分,纳米晶羟基磷灰石是人体骨骼的主要无机成分,在仿生的思路下制备的矿化胶原主要由以上两种成分组成。该成品具有与人类骨结构相似的矿化胶原纤维,在微米和毫米尺度上,材料的孔隙率为 60% ～ 80%,孔隙大小为 100 ～ 500μm,具有与人类骨骼相似的孔隙率、孔径大小和力学性能。利用 3D 打印技术能够快速制备个性化植入体。

作品的实际应用价值和现实意义:

制备的人工骨线材可以配合 FDM 型 3D 打印机进行打印成型,优势在于其充分利用了矿化胶原(骨粉),然后使用 3D 打印技术为患者提供个性化植入体。该作品使用的范围适用于青少年,针对越来越多骨组织患者的需求。本产品材料生物相容性好,不产生排异反应,并且能诱导骨修复,具有较好的应用前景。此种材料的研发能够大大减少手术时间,同时减少病人免疫排斥反应,预期能够给儿童的颅骨缺损带来新的解决方式和思路，对 3D 打印的临床应用起到推动作用。

人工骨线材（左）和 3D 打印机（右）

获奖或发表情况：

2016 年在 *China Academic Conference on Printing &Packaging and Media Technology* 上发表 EI 检索文章"Effect of High Temperature on Morphology and Structure of a New Composite as Rew Material of Filament for Fused Depoition Modeling Processes."

# 第四章　实习实践

# 第一节 暑期生产实习

## 一、印包学院召开 2013 级学生实习动员会

为了提高学生生产实习效果，更好地服务于就业工作，2016 年 4 月 26 日下午，印包学院在教 E 楼二阶召开了 2013 级暑期生产实习动员会。印包学院副书记杨珂，专业教师梁丽娟、胡堃和方一等出席了本次会议，会议由杨永刚老师主持并做实习动员。

暑期生产实习就是让学生提前进入实习状态，把所学专业知识与实际印刷生产结合起来，及早发现问题，查漏补缺，为进一步的专业理论学习指明方向，为推动就业打下良好的基础。杨珂强调了生产实习对学生就业的重要性，通过实习可以促进人才培养和就业工作有效的联动，并要求实习指导老师要着重关注实习学生的人身安全，加强实习过程监控。

印包学院杨珂副书记对实习工作提出要求

为了突出生产实习在教学计划中的重要性，杨永刚从实习工作计划、实习过

程管理、实习考核办法等几方面，对生产实习工作进行了细致的安排部署，对学生提出了要求和期望；并表态要站在二级学院的高度，努力做好学生生产实习指导工作，确保实习见成效。

杨永刚老师对生产实习计划进行安排部署

## 二、印包学院 2016 年学生暑期生产实习效果显著

推动学生在行业优质企业实习，促进学生实践动手能力培养是印包学院五年来主抓落实的一项重要工作。2016 年，学生暑期生产实习在经过前期不断调研和周密细致的安排下，于 7 月中旬至 9 月底全面铺开。本次学生实习，由印包学院集中安排在京内外的北京雅昌文化发展有限公司、北京奇良海德印刷股份有限公司、北京新华印刷有限公司、汕头东风印刷股份有限公司、永发印务（东莞）有限公司、艾利（昆山）有限公司、中荣印刷（昆山）有限公司和广西真龙彩印包装有限公司等 15 家企业进行，涉及学生人数近百人。其他学生自己联系实习单位，并提交印包实习工作小组审核通过，由带班实习指导老师负责日常实习监督管理和最终的考评工作。

实习任务开始前，学工组老师和各班实习指导老师积极联系实习企业，进行详细的信息交接，对实习生进行实习方案、岗位和实习安全的安排部署，介绍相关事宜。7 月 19 日，北京市出现强降雨天气，雨量大，持续时间长，曹梅娟老师在这种恶劣天气情况下，仍主动前往北京奇良海德印刷股份有限公司对学生进行探望交流，指导学生实习，与企业保持了畅通的沟通渠道，建立起良好的合作氛围。

奇良海德公司人资部门负责人与曹梅娟老师、实习学生合影

汕头东风印刷股份有限公司是北印的优质实习实践教育基地，多年来与北印就学生实习和"东风奖学金"设置开展务实合作。今年，印包学院安排了14位学生到该企业进行了为期6周的实习锻炼。实习一周后，指导老师何喜忠、杨永刚和刘全校在公司人力资源部门负责人的安排下，组织召开了一次校企师生座谈会，就实习方案、岗位设置和实习考核等问题进行面对面交流，答疑解惑，也带去了学校对北印实习生的支持和期待。

北印师生与汕头东风印刷公司实习负责人在公司门前合影

广西真龙彩印包装有限公司是大型烟标、酒类和医药等精细包装的研发设计与印刷生产企业。两位实习学生围绕德国海德堡高速对开八色胶印机、烫金机、模切机和品检机等烟标印刷、印后加工设备进行了学习与实践操作，深入了解了先进的烟标印刷技术，提高了专业技能，积累了丰富的实习经验，为将来事业发展打下了坚实基础。张新林老师跟进实习指导，并全程监督学生实习表现，检查学生指导手册，实习效果令人满意。

**广西真龙彩印包装公司机台人员在指导学生实习**

青年教师梁丽娟和程久珊带领 12 名学生来到北京新华印刷有限公司，开展暑期实习锻炼。同学们被分成两组，分别在印刷工艺流程、印后加工及装订工艺两大模块进行了系统的学习。在实习过程中，同学们积极思考，将课堂上学到的专业理论知识与生产实际相联系，增强了分析问题与解决问题的能力，也培养了吃苦耐劳、勇于探索的精神。10 周的暑期生产实习，带给了同学们深刻的感受，既了解了社会，又为日后坚持在行业发展积累了宝贵的经验。

青岛黎马敦包装有限公司是中国先进的印刷包装综合性企业之一，它依托先进的管理模式、精湛的烟标印刷包装技术、创新性的技术研发成果，迅速成长为业界翘楚。印包学院廉玉生、石佳子两位老师顶着酷暑，亲临公司生产一线指导实习，了解学生在不同部门间轮岗实习的状况和对印刷工作流程的掌握程度，勉励大家克服困难，踏实工作，走好人生的第一步。

**指导教师、企业部门经理与学生座谈后合影留念**

8月上旬，胡堃老师前往永发印务（东莞）有限公司进行实习指导，与学校杰出校友肖武总经理针对实习生管理和实习安排交换意见。肖武建议学生实习和日后的就业趋向尽量一致。通过实习过程，不仅保持校企之间畅通的沟通渠道，还可以使学生得到锻炼与提高，企业发现合适的人才，实现校企双赢。

**实习学生与胡堃老师、东莞永发印务公司工作人员合影**

同时，左晓燕老师和印包学院青年博士安粒、方一和刘儒平等教师均在7月中旬前往各实习单位指导学生实习，解决了学生实习过程中遇到的问题，保障生产实习有序开展。

本次暑期生产实习是印刷与包装工程学院实践创新教学系列活动之一，得到北印印刷与包装综合创新实践基地（市级）的大力支持与配合。

方一老师与实习学生在深圳科彩印务公司门前合影

# 三、印包学院召开 2014 级学生实习动员会

为了提高学生生产实习效果，更好地服务于就业工作，2017 年 4 月 12 日下午，印包学院在教 E 楼一阶召开了 2014 级暑期生产实习动员会。印包学院党委副书记杨珂，副院长杨永刚，专业教师左晓燕、王雅珺、方一、刘儒平、廉玉生、石佳子、梁丽娟、曹梅娟、程久珊、张新林以及 2014 级全体同学参加了本次会议，会议由副院长杨永刚主持。

印刷生产实习是让学生把所学专业知识与实际印刷生产结合起来，提前进入实习状态，及早发现问题，查漏补缺，为进一步的专业理论学习指明方向，为推动就业打下良好的基础。杨永刚强调了生产实习对学生就业的重要性，通过实习可以促进人才培养和就业工作有效地联动，并要求实习指导老师要着重关注实习学生的人身安全，加强实习过程监控。

为了突出生产实习在教学计划中的重要性，方一从实习工作计划、实习过程管理、实习考核办法等几方面对生产实习工作进行了细致的安排部署，对学生提出了要求和期望。现场介绍了各位带班指导老师，希望各位指导老师努力做好学生生产实习指导工作，确保实习见成效。

最后，方一和左晓燕针对同学们关心的问题进行了现场问答，解决了同学们对实习安排的疑惑之处。

方一对生产实习计划进行安排部署

# 四、印包学院 2017 年暑期生产实习工作圆满结束

2017 年 11 月 29 日下午，印包学院组织开展暑期生产实习抽查答辩会，来自 2014 级印刷工程、包装工程、高分子材料与工程和毕昇卓越班的 27 名学生分成两组参加答辩会。答辩首先由学生自述 6 分钟，向答辩小组的老师具体介绍实习过程、实习岗位工作和实习感想及收获等，然后由老师根据实习企业和岗位性质、实习周数、实习岗位熟悉程度和实习成果等情况对每一位答辩学生进行提问，并严格按照答辩评分表进行记录、打分。

学生正在参加实习抽查答辩

**实习指导教师全神贯注地聆听学生介绍实习过程**

通过此次抽查答辩，印包学院实习工作小组摸查到了学生暑期实习岗位安排与执行、实习思想动态变化等情况，也为下一步加大实习抽查与监督力度，做好实习生动员与实习过程管理工作，完善实习考核综合评判办法提供了实践依据。答辩反映出学生普遍对印刷包装行业有了较为深刻的认识和理解，也意识到在企业生产一线实习的目的与重要性。特别要指出的是，部分同学实习过程脚踏实地，能够利用专业所学为客户设计产品，得到了公司领导与员工的一致好评，提高了自身就业竞争能力；也有同学明确表示毕业后将选择在实习单位工作，这有力地促进了印包学院实习与就业联动机制的贯彻落实。抽查答辩也反映出不少同学专业知识与实际动手操作相结合的能力还存在一定的欠缺，对待实习有懈怠和应付思想，实习质量亟待加强。

在7～8月的暑期实习过程中，印包学院的14名教师分别前往广东、浙江、福建、江苏、河北、重庆等地的印刷包装企业，参与到现场指导学生工作中。大多数公司对学生的评价较高，部分公司还在实习结束后为学生举行了欢送会，给予学生人文关怀。学生有机会近距离接触德国海德堡四色印刷机、胶订联动线、烫金机、模切机、制版机及质量检测等印刷设备，并进行学习与实践操作，深入了解了先进印刷技术，提高了专业技能，积累了丰富的实习经验，对于印刷包装行业的认识与理解更加深入，为其将来事业发展打下坚实基础。大部分学生对实习企业评价较高，并表示今后愿意到实习单位工作。少数在车间工作实习的学生由于工作量较大、重复性工作较多，表现出较高的不满情绪，需要进一步改善实习过程管理。

# 五、印包学院 2019 年度"生产实习与创新实践"课程圆满结束

根据教学大纲的要求，印包学院下设三个专业的 2016 级学生参加了为期 5 ~ 10 周的生产实习与创新实践，以拿到相应学分。从 2019 年 7 月中下旬开始，印包学院陆续由指导教师带领，派遣学生到印刷、包装、高分子相关企业进行生产实习，10 月 18 日全部学生完成实习内容，圆满结束。

本次"生产实习与创新实践"课程，派遣学生到了北京、天津、重庆、浙江、广东、福建、江苏、四川等地的 20 余个企业，涵盖了印刷、包装和高分子各个专业领域。为学生充分了解行业现状、认识未来的工作要求提供了良好的平台。

在整个的实习过程中，学生们表现出了很好的职业素养，认真负责，注重团队协作，服从实习单位安排。他们将自己的专业知识运用于生产实践中，得到了相关企业的认可。今年，恰逢新中国成立 70 周年大庆，在北京燕京科技有限公司实习的 13 名学生参与了国庆活动的卡证制作，他们用新时代出版传媒人的爱国情怀与责任担当为国庆 70 周年献礼。

印包学院开展的生产实习与创新实践课程，是对学生极为重要的实践性学习环节。首先，通过直接参与企业的运作过程，学到了实践知识，同时进一步加深了对理论知识的理解，使理论与实践知识都有所提高。其次，能拓宽视野，增长知识，提高我们的专业素质和职业道德。再次，也提高了我们的实际工作能力，为就业和将来的工作积累了一些宝贵的实践经验。最后，也为我们毕业后走上工作岗位打下了一定的基础。同学们经过了暑期企业中的生产实习，感触颇深，纷纷表示通过实习实践，深刻了解了印刷、包装和高分子相关行业的知识需求，为未来大四的课程、毕业设计和最终就业提供了参考方向。

艾利（昆山）有限公司实习

天津中荣印刷科技有限公司实习

四川汇利包装有限公司车间实习

# 六、印包学院 2017 级学生圆满完成 "生产实习与创新实践" 教学任务

"生产实习与创新实践"是印包学院针对本科生进行专业实践的一门课程，于大学三年级的暑期进行。2020 年虽然受疫情的影响，从前期动员到派遣等各个环节只能通过线上进行，但是学生参与实习实践的积极性较高，在困难的条件下，听从学校安排，保质保量地完成了实习实践任务。

2020 年疫情期间，印包学院实习工作得到了相关印刷包装企业的大力支持，除派遣了学生在往年联系的 10 余家企业继续进行实习外，又新增了 20 余家实习企业，同样派遣了学生，学校统一派遣人数较往年增加了 20% 左右。这些企业分布在北京、天津、浙江、广东、福建、江苏、四川、安徽、山东等省份，实习地点的区域有所扩大。整个实习过程中，学生们表现出了很好的专业素养，将自己的专业知识运用于生产实践中，得到了相关企业的认可。

印包学院开展的生产实习与创新实践课程已经持续了多年，为学生充分了解行业现状、认识未来的工作要求提供了良好的平台。同时也增加了学校与企业的联系，为学生后续就业指导打下了良好的基础。

广东东莞澳科控股实习学生

南京爱德印刷有限公司实习学生

天津中荣印刷有限公司实习学生

# 第二节　社会实践与专业实践

## 一、喜迎办学60周年、北印纪念改革开放40周年——印刷企业大寻访实践团

办学60周年以来，北京印刷学院始终坚持传承印刷文明、创新传媒文化。

北印走过的每一步都带着深深的文化烙印。正值改革开放 40 周年之际，北印与中国印刷及设备器材工业协会合作，在北印学子暑期社会实践中设置专项，开启了一场探索印刷产业改革开放 40 年发展历程的社会实践。

北印团队联合上海出版高等专科学校、武汉大学、西安理工大学、杭州电子科技大学五所院校的团队，走访了广东、深圳、东莞、福建、厦门、浙江、江苏、杭州、温州、上海、京津冀等省份和地区，走进中华商务、雅昌、南方报业集团、广州日报印务中心、国际彩印有限公司、力嘉国际集团、新华印刷有限公司、飓风集团、柏科富翔、商务印书馆上海印刷股份有限公司等多家企业单位，探寻历程，采访人物，讲述变迁，用视频、文字以及图片等多种形式，展现改革开放 40 年来印刷业的发展历程。

2018 年 7 月 3 日，北印"改革开放 40 周年印刷企业寻访社会实践团"在指导老师的带领下到达深圳，参加"激荡 40 年——中国印刷业大学生联合大寻访活动"启动仪式。身着红色 T 恤的大学生，与印有"激荡 40 年"的红色旗帜，融成一幅激情与希望并存的画面。在此次大寻访的过程中，实践团看到了中国印刷行业各大企业中精密的机器、先进的技术、优秀的管理和定位于全球的眼光与目标。

深圳精密达机械有限公司董事长郑斌认为，新生代人才做事要秉持专一的态度，要有追求精益求精的精神，以及简化目标、精准地做好一件事的方式。而由于每个人条件不同，市场需求不同，年轻人可以选择适合自身的发展方式和目标，但重要一点是打好基础，因为只有坚实的基础才能为后续发展提供充足的力量。

国际彩印有限公司董事长丁旭光认为"印刷业一定会持续地发展，只是出现了一个断层，迫切需要一批有专业化知识结构的、能够持续学习的年轻人接班"。

在寻访广州日报印务中心的过程中，副总经理郭献军在与寻访团交换看法时表示，移动互联网的到来既是一种对传统报业形态的巨大冲击，也体现为资讯传播的进步。"不必过于纠结报纸印刷未来会怎样，报纸作为媒体，重要的是报，从纸到网、到端，改变的只是载体，内容生产和传播的本质一直未变"。

现如今，印刷行业被认为是一个艰苦的行业，但同时印刷在生活中无处不在，也是一个充满朝气的行业。北印学子将走好未来工作中的每一步，沐改革春风，承印刷文明，在探索中了解行业发展，在寻访中传承印刷文化。

# 二、"喜迎办学 60 周年·北印学子暑期社会实践" 微故事 | "印迹延安"实践团

"印迹延安"实践团在延安革命遗址前留影

2018 年 7 月 22 日上午我们来到中共中央西北局遗址，参观了中共中央西北局纪念馆、西北根据地暨西北局历史陈列。22 日下午，我们参观了中央医务所旧址，中央社会部旧址等地。

印包学院学生党支部在延安革命纪念馆毛泽东塑像前留影

23 日上午我们来到延安革命纪念馆，周恩来总理曾说，一个党史陈列，就是一部党史教科书。延安革命纪念馆就是中共中央在延安最为生动的教材，在这里我们深刻地学习了爱国主义、革命传统和延安精神。

印包学院学生党支部在延安枣园革命旧址前留影

23 日下午，我们集体来到了枣园革命旧址，枣园是中共中央书记处所在地，园林中央坐落着中央书记处礼堂，依山分布着 5 座独立的院落，分别是毛泽东、朱德、周恩来、刘少奇、任弼时、张闻天、彭德怀等中央领导的旧居。

24 日一早，我们便坐上大巴车，经过两三个小时的行程来到北京知青旧居，参观了居住的窑洞。

"印迹延安"实践团在西安八路军办事处旧址前留影

25 日参观西安八路军驻西安办事处，结束我们所有的行程。

通过这次参观革命遗址，我们实践团一起重温那段革命岁月，感悟老一辈无产阶级革命家的优秀美德，我们会继承和发扬革命先辈们的革命意志，在体会先辈们为了新中国而抛头颅、洒热血的崇高精神之后，誓将这种精神薪火相传、发扬光大。虽然我们现在生活在和平的社会，但我们不应该忘记那段峥嵘岁月，谨记历史，铭记国耻，铭记落后就要挨打，居安思危。通过参观红色革命遗址，增强我们的责任心和爱国精神。

# 三、喜迎办学 60 周年·北印学子暑期社会实践 | 大寻访实践团走进中国人民解放军第二二〇七工厂（北京凌奇印刷有限责任公司）

在我们走访的企业中，中国人民解放军第二二〇七工厂（北京凌奇印刷有限责任公司）是一家部队保障型企业，不仅身份特殊且历史悠久，社会影响深远。据了解，今年已是二二〇七工厂建厂 81 周年，《读者》《半月谈》《故事会》等一批产生过巨大时代影响力的刊物，都曾在或仍在二二〇七工厂印刷。拥有如此厚重积淀的企业，不禁让我们心生向往。

已在工厂服务近 40 年的总经理张仲伯，是位"根红苗正"的二二〇七人，见证了二二〇七工厂发展历程中的重大转折。对于辉煌荣耀的过往，他不掩自豪，对于充满挑战的当下，他仍然信心满满。

在厂史展览室内，张总经理向我们娓娓道来工厂创建之初的那段烽火岁月。1937 年 11 月 28 日，在聂荣臻司令员的亲切关怀下，河北省阜平县成立了晋察冀军区政治部石印组。这个由四名战士、两台石印机、一把裁纸弯刀组成的石印组既是二二〇七工厂前身，也是我军最早的印刷厂。此后，石印组发展壮大，从石印所、晋察冀画报社印刷厂、晋察冀军区政治部印刷厂，到华北军区政治部印刷厂、解放军报印刷厂，再到二二〇七工厂。吸引我们注意的还有二二〇七工厂那设计别致、寓意深刻的厂徽。据介绍，五角星喻示中国共产党，步枪代表人民解放军，胶辊和印字指代印刷厂，整体寓意即是，党领导下的军队印刷厂。诚如厂徽所展示的那样，81 年来，二二〇七工厂几代人传承军工精神、艰苦创业、锐意改革，为军队建设和新闻出版事业发展做出了重要贡献。

通过对二二〇七工厂发展历程的梳理，我们发现，工厂每一次发展战略的调整总是应时而生，踏准时代变革的鼓点。比如，20 世纪 80 年代至 90 年代末，正值印刷行业从铅与火迈入光与电的过渡期，二二〇七工厂先后投资 3000 多万元引进了电子分色机、海德堡四色胶印机、瑞士马天尼胶订机等国际品牌设备，率先进入光与电时代。张总经理告诉我们，摆放在中国印刷博物馆里的那台电分机，正是他当年的工作伙伴，陪伴他好几个春秋。90 年代中期，二二〇七工厂被列为全军首批 22 家现代企业制度试点单位，"北京凌奇印刷有限责任公司"呼之而出，并制定"以印刷为本，拓展宾馆业，开发房地产"企业发展战略。

2010 年之后，行业竞争态势激化，企业经营成本加大，二二〇七工厂审时度势，针对印刷主业展开了一系列调整、转型的举措。具体而言，压缩印刷规模，撤销印后胶订工序；调整印刷产品结构，定位数码印刷＋特色印刷；并辅以盘活优质房产资源，全员竞聘上岗，改革分配制度等系列措施，较好地完成企业调整、转型、改革阶段性任务，走出了一条新形势下企业发展转型新路。"经营效益明显增长，员工收入大幅提高，企业抵御风险能力增强。"张总经理如此总结改革的成效。

尽管眼下还面临印刷产业转型升级，环保治理等课题，身为"老印刷人"的张仲伯总经理仍然坚定地表示，印刷是个很有魅力的行业，它的魅力正体现于变化的快速。二二〇七人接下来的工作重点是，思考如何把为军队服务保障与服务首都功能结合起来，走出一条二二〇七工厂特色路。

**创新 持之以恒**

Q：在不少人的印象中，国有企业的通病是效率低、模式僵、创新难。但是二二〇七工厂却能走在行业的前面，成为北京地区乃至全国都颇有名气的印刷企业。您认为原因有哪些？

A：企业的创新体现在方方面面，包括经营模式的转变，管理机制的调整等，根本目的在于，提高企业的生产效率和经营效益。当然，效率和效益，两者是相辅相成、互为促进的关系。怎样才能使企业内部规模与生产任务相匹配，我感觉，我们现在问题还很多，应当说资源的利用率还不是很高，接下来一段时间，我们要在这方面进行改革和调整。

Q：二二〇七工厂的一大特色是保密印刷，您能否为我们讲讲其应用场景与前景？

A：作为一家为军队服务的工厂来说，保密印刷可以说是我们的基本职责，主要应用于服务军队。2014年我们开始调整印刷主业时，保密车间还是采用的以传统胶印为主的生产工艺，出于为军队服务保障的需要，2015年我们投入资金对厂房进行整体改造，购置了全新的数码印刷系统，包括彩色、黑白两套系统。再加上各种保密技术要求等，这些投入都很大。

**绿色 服务社会**

Q：近年来，VOCs 治理一直是行业关注的热点，二二〇七工厂作为行业先锋企业之一，在绿色印刷方面有何行动？

A：通过这几年的实践，我们的总结是，应该从源头入手、过程控制、末端治理。这也是治理 VOCs 的一个有效方式。源头，即现在印刷工艺里的主要排放源，是我们治理的重点，对此我们也适应了很长时间，目前我们使用的是无醇润版液，因为不用酒精了，整个生产车间的空气质量大大改善，几乎闻不到气味了。过程控制，主要做好各项管理，使 VOCs 排放源处于管控之中。末端治理，即 VOCs 的收集系统，这也是非常关键的一环。

Q：在新的历史时期，您认为二二〇七工厂面临着怎样的发展问题？未来方向是什么？

A：根据十九大精神，我们企业已经进入了新的发展阶段。前些年我们已经着手进行了调整转型，现在需要在这个基础上进一步思考持续发展的问题。当前面临的任务是印刷产业的转型升级、环保治理，等等。我们认为，在新的形势下，对二二〇七工厂来说，应当把服务首都功能和为军队服务保障统一起来，这是企业持续发展的一个基础，是体现企业存在价值的重要方面。

传承红色基因的无上荣誉与使命感，激励着二二〇七人健步走过风雨兼程的八十余载岁月。而今，新篇章开启，二二〇七人又将踏上新的征程，朝着百年基业的目标奋进。

# 四、专业实践

印刷工程是实践性很强的工科专业，历来重视学生应用能力培养。通过必修课的课程设计及工程训练，提升学生对印刷原理、材料、工艺等方面的综合运用能力，使学生系统掌握一本书册或一个包装纸盒的完整生产制作过程。以下是专业学生完成的课程设计及综合训练的作品。学生组成小组，协同完成书册的策划设计、调图、分色、排版、打样，参与完成印刷、印后加工等，再协同完成印刷质量检验和产品打包等所有印刷流程，相互配合与支持，锻炼了团队协作能力和专业应用技能。

2009 级印刷 4 班学生制作的小书册

2011 级印刷 1 班学生制作的小书册

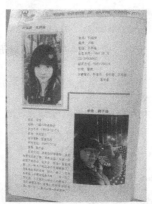

2012 级毕昇卓越班学生制作的小书册

2013 级毕昇卓越班学生制作的小书册

2013 级毕昇卓越班学生制作的台历

2014 级毕昇卓越班学生制作的小书册

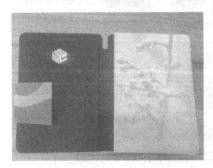

2014 级毕昇卓越班学生制作的笔记本

2016 级印刷集成化班学生制作的台历

2018 级印刷 1 班学生制作的同学录

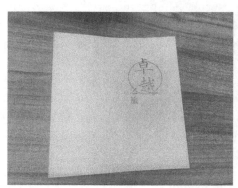

"卓越之旅"实践教育成果集锦

# 第三节　毕业设计及成果展

## 一、2017 届毕业设计作品

印刷与包装工程学院优秀毕业设计与成果主要分为毕业设计、实培计划、大学生创新创业、学科竞赛和科研实践等，展现了印包毕业生在跨媒体、互联网＋、智能包装、3D 打印与印刷电子等领域所取得的成就。本次校外毕设展，印包学院共提交毕业设计作品共 45 件。其中，包装装潢设计作品 16 件，其他包装设计及防护类包装作品 7 项；VI 设计、防伪设计等 3 件，3D 扫描和印刷电子技术及材料 10 项，非物质文化传承技艺 2 项，其他技术及材料 7 项。

本次包装装潢设计作品主要是以艺术陶瓷包装为主的外包装设计及应用作品。包装选材考究、设计手法新颖，外观设计上既充分考虑了中国传统元素的要点，又借鉴了西方文化的表达符号，使整套作品落落大方，优雅而又庄重。

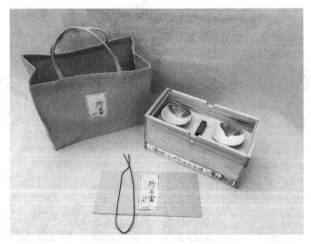

拾英堂礼品瓷高级定制包装

"浮生伴茶"便携式茶具包装

"诗瓷·纸盒装"包装设计

高观茗香——御瓷坊茶具包装设计

　　农产品（如蔬菜和大米）的小件包装、礼盒包装等形式既提高了农产品的附加值，也保证了农产品包装的减量化，在"互联网＋农产品"电商模式下，有效地促进了优质农产品资源的共享，提高了农产品的市场竞争力。

呦米——升艳米业包装设计

　　"RURU 服装设计工作室 VI 系统设计"是由 2013 级毕昇卓越班学生付儒佳独立完成的，她自学设计课程两年，结合所学的印刷技术和颜色科学，以姓名中的"儒"为发音自创了"RURU 服装设计工作室"，并致力于服装胸牌、吊牌、配饰和手提包等的设计与印制，其设计产品把设计学、色彩学和印刷、纺织等技术有效地融合在一起，充分展现了多学科的交叉融合，也是学生跨专业学习和创新创业的典型范例。

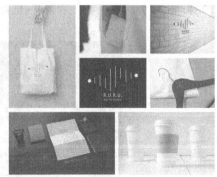

RURU 服装设计工作室及标志产品

　　创新印刷出版物内容表达模式是印包学院近年来努力坚持的研究方向，并使其融入课程教学中。学生们综合专业所学的各门课程，借鉴设计学、美学和文学的思想，制作了款式各异的立体书，如《白雪公主》《冰雪奇缘》，瞬时引爆眼球，博得阵阵掌声。

《白雪公主》与《冰雪奇缘》立体书

"传承印刷文明、创新传媒科技"是学校的历史使命，也是社会责任担当之所在。印包学院在印刷科技史、中国古画及古籍复制、木刻水印与珂罗版印刷等传统文化与技艺方面多有建树，在印刷电子、3D 打印、裸眼 3D 图像、高精尖艺术品复制、安全防伪技术等前沿科技领域也有很多突破。

## 二、印包学院 2017 届毕业设计作品及成果展开幕

2017 年 6 月 5 日上午 9 点，印刷与包装工程学院 2017 届毕业生毕业设计作品及成果展在新实验大楼三层盛大开幕。本次成果展共分为创新实践成果展室、包装装潢毕业设计展室、印刷电子材料展区和前沿印刷技术展区。学校党政领导分别莅临印包学院毕业设计与成果展进行工作指导，学院合作企业——北京今印联图像设备有限公司、北京顶佳世纪印刷有限公司等的代表也出席并参观展会。

在开幕式上，印包学院 2013 级毕昇卓越班优秀学子杨威同学代表全体 2017 届毕业生发言。他首先与大家分享了自己在大学期间参加学科竞赛、大学生科研计划和创新实践活动的经历和成长的体验，也表达了对印刷行业变革与发展的自信。最后，杨威同学感恩学校对他的栽培，并表示将坚持立足本行业，创新印刷新科技，为我国印刷包装行业的革新与进步贡献自己的力量。

2017 届毕业生代表杨威（2013 级毕昇卓越班）发言

开幕式后，校长罗学科兴致勃勃地前往新实验楼三层的印包学院展区，他首先观看了印包学院 2017 届毕业生在实培计划、创新创业等方面的项目与科研成果，对学生们刻苦钻研、勇于创新的精神表示高度赞赏。随后，罗校长饶有兴致地来到包装装潢设计主展区，并在"来自讷谟尔河的礼物——互联网农产品包装设计"展台前驻足观看，他仔细询问了这款蔬菜包装产品的设计理念、功能定位和材料应用。当了解到这是一组被公司采用的设计产品时，罗校长对学校毕业设计工作坚持"真题真做""跨专业融合"的做法给予充分肯定，并勉励学子们要大胆尝试，敢接地气，下真功夫。

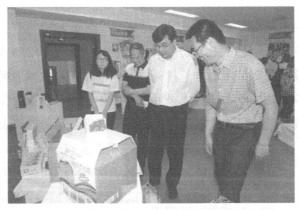

校长罗学科在一组蔬菜农产品包装展台前仔细观看

创新印刷出版物内容表达模式是印包学院近年来努力坚持的研究方向。同学们制作的款式各异的立体书瞬间吸引了大家的眼球，罗学科也对一款名叫"白雪公主"的立体出版物表现出了浓厚的兴趣。他把书页打开，一组组美丽生动的画面瞬时立体呈现在他面前，他向工作人员询问立体书的制作手法、装帧特点后，感叹立体书不再遥远。而看到北印学子身边的毕业设计作品时，对学校在"十三五"规划中坚持特色发展和创新实践的育人模式表达了高度自信。

校长罗学科询问立体书的制作技巧、用材和装帧特点

最后，罗学科来到了一个"RURU 服装设计工作室 VI 系统设计"展台前。展台的主人是 2013 级毕昇卓越班付儒佳，她自学设计课程两年，结合所学的印刷技术和颜色科学，以姓名中的"儒"为发音自创了"RURU 服装设计工作室"，并致力于服装胸牌、吊牌、配饰和手提包等的设计与印制。罗学科对学生的跨专业学习和创业思想给予高度关注，并叮嘱教务部门在新版培养方案中要注意引导各专业间的学习借鉴，鼓励创新和创业，培养工匠精神，拓宽学校毕业生的就业渠道。

罗学科凝神关注"RURU 服装设计工作室 VI 系统设计"作品

　　展会不仅挖掘了好的创意，展出了好的作品，更重要的是加强了不同专业、不同学校之间的同学交流，促进了专业融合与校际合作。

"浮生伴茶"便携式茶具包装

不同专业的学生在交流作品的设计及应用

印包 2017 届付儒佳同学向前来观展的呼伦贝尔市艺术学校的学生介绍毕业设计作品

# 三、印包学院参加学校北京坊毕业设计作品展侧记

2017 年 6 月 23 日，北京印刷学院 2017 届毕业设计作品展在前门地区北京坊隆重开幕。北京市教委，北京市西城区相关委办局，兄弟院校的领导，企业界的代表，以及学校党政领导和教学单位的中层干部等 200 余人出席了开幕式。印包学院的毕业生作品在展会上精彩亮相，吸引了众多领导和嘉宾的高度关注。合作企业北京顶佳世纪印刷有限公司设计部部长吕惠和北京今印联图像设备有限公司销售部总监王金乐也光临展会。

印包学院从校内展出的 120 余件作品中精选了 12 件学生作品参加此次展会，这是印刷工程、包装工程和高分子材料与工程三个本科专业教育教学成果的集中展现。这 12 件作品既诠释着印包学院以"传承印刷文明、创新传媒文化"为己任，又是印刷与包装新科技和新材料的结晶。其中，最大的亮点就是校企融合与科研成果产业化，推动了毕业设计环节真题真做。本次参展的印包学院学生作品，有八成以上是围绕产业的需求和企业的现实问题而开展的校企合作课题，学生们经过认真调研、周密安排和有针对性的设计与研究，终于交出了圆满的答卷，得到了企业的认可。

印包学院学生的创新作品

学生的真题真做与产业化推广毕业设计作品

印包学院教师向领导介绍印包学院办学特色和学生作品特点

企业界代表在"荧光油墨彩色印刷技术"展台前驻足观看

2018 年将迎来印包学院印刷工程专业办学 60 周年、包装工程专业办学 30 周年的庆典。在办学历史中，印包学院立足北京、面向全国，培养了近万名高级专业人才，为行业和经济社会的发展做出了不可磨灭的贡献。在未来的办学定位中，印包学院将紧密围绕京津冀协同发展战略，依托北京文化创意产业大发展和大繁荣的背景，继往开来，在绿色印刷、跨媒体传播、智能包装、印刷电子和 3D 打印等领域大显身手，继续为我国印刷包装、出版传媒的转型升级做出新的、更大的贡献。

# 四、印包学院 2018 届本科生毕业设计作品展精彩亮相

2018 年 6 月 11 日上午，北京印刷学院 2018 届本科生毕业设计作品展在新实验楼、教 A 楼和美术馆各展区隆重开幕。印包学院展区设在教 A 楼 308 室，印包学院部分老师、全体 2014 级毕业生及相关企业代表参加了本次展览。

学校党委书记高锦宏、校长罗学科、副校长田忠利一行来到印包学院展区，详细了解了印包学院 2018 届本科毕业设计作品展的基本情况和创新点。高锦宏对印包学院本届毕业设计作品的质量给予充分肯定，对师生们在整个毕业设计作品设计阶段所付出的辛勤劳动表示慰问。

在志愿者引导下，校领导一一询问毕业设计作品的设计初衷和所表达的深刻内涵。"古代壁画复原与色彩管理"的毕业设计引起了校领导的极大兴趣，这是 4 块约 80cm×60cm 石灰板，它们是古代壁画的复原作品，取材于河北和山西等省的塔庙中。传承悠久中华印刷文明是印包学院的使命和责任担当，王卫民老师指导学生从古代壁画信息的获取、拍摄，石灰板的制作，到画面的喷墨打印和自然晾干，历时一年多，利用现代印刷手段，把深藏于寺庙古建中的不可移动的古代壁画，变成可以移动的文物复原品。高锦宏勉励印包学院要以开展毕业设计工作为契机，深刻凝练办学定位，凸显专业办学特色。

**校领导在壁画复原作品展板前驻足观看、交流**

**古代壁画复原作品**

以中国共产党创建、红军长征和抗日战争等红色革命事件及故事为题材设计的五套红色印刷包装设计作品是本届毕业设计的又一大亮点。在指导老师傅钢的带领下，同学们查阅历史文献、选择重要革命事件为设计要素，巧妙构思、精心设计、反复修改，给观众呈现出带有强烈红色思想的包装文创作品。设计过程和作品本身对于师生和观展者而言是很好的革命教育的现场教材，有效地推进思政教育与专业教育相融合，促使师生"爱国、爱校、爱专业"。

印包学院毕业设计展期间，还穿插进行了2018"启航东方杯"包装设计大赛的作品评比，把企业资源引入毕业设计展，校企合作举办毕业设计作品评比，这是印包学院在2018届本科毕业设计展中的特别创新。该比赛增强毕业设计的实战性和竞技性，进一步提升了学生的设计创新、制作创新和材料创新等方面的实践创新能力，是创新人才培养的"最后的一公里"的有力措施。

印包学院毕设展现场

# 五、北京印刷学院毕业设计作品展"新风景"——印刷包装作品融入红色文化元素

本报讯（记者李明远）以京剧《沙家浜》为主题的纸雕灯及其三种包装、以农村包围城市为思路设计的文化产品包装、镂空展现革命雕塑摆件的书籍造型包

装……近日,《中国新闻出版广电报》记者在北京印刷学院 2018 届本科毕业设计作品展上,看到了一系列融入红色文化和红色印刷史的印刷包装作品。这是北京印刷学院印刷与包装工程学院把思想政治教育与专业教育相融合的成果。

"2016 年 12 月,习近平总书记在全国高校思想政治工作会议上发表重要讲话后,学校掀起了学习热潮,并着力推动将思想政治教育和学校专业教育相融合。"北京印刷学院印刷与包装工程学院副院长杨永刚介绍说,以红色出版物印刷技艺研究、红色革命题材的旅游商品或文创产品的包装设计为主题开展毕业设计,正是今年该学院毕业设计的一大亮点。

印刷与包装工程学院包装工程专业 2018 届本科毕业生叶芯怡在指导教师傅钢的指导下,完成的毕业设计是"红船初心永不改"革命主题创意礼品系列包装设计。叶芯怡告诉记者,确定毕业设计围绕红色文化主题后,首先要选定包装产品,并确定具体选题。"在确定选题前后,我们会去博物馆、纪念馆、图书馆了解革命文化历史的文献资料,从中提炼一些衍生元素,包装设计的造型和理念也与之相关。"叶芯怡认为,在此过程中,自己不仅对红船精神有了深度了解,还学习了从材料方面入手寻找包装设计的创新点。

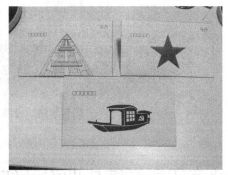

"红船初心永不改"革命主题创意作品

叶芯怡设计的草木染制文创礼品,在包装设计上大量运用了革命人物、革命建筑剪影,令人印象深刻。其他融入红色文化的作品也有所创新。例如,同样是包装工程专业的陈伟,课题研究的是红军长征纪念币和纪念章的包装设计,每套盒子都是围绕五角星进行设计,每个五角星的角都能成为独立包装,可以通过榫卯结构组合在一起。此外，还有包装结构多变、展示效果丰富的抗日影视光盘包装等设计作品。

印刷与包装工程学院包装双创中心导师、北印毕业创业的校友石志敏表示，对接企业需求的真题真做作品，突出"创意设计 艺工融合"的作品越来越多地在毕业设计作品中涌现出来。相信今年融入红色文化的优秀毕业设计，今后也能进一步对接红色旅游产业需求。

**红色文化革命故事毕业设计作品**

记者在现场看到，毕业设计展上还有以传承中华印刷文明为使命，古代壁画复原、文物古画修复等方面的作品。此外，数字媒体创意与纸上艺术、印刷电子等相结合的立体书媒体作品也不乏创意亮点。

# 六、印包学院 2018 年本科生实培计划研究成果喜获佳绩

2019 年 5 月 24 日至 25 日，由中国生物工程学会生物传感、生物芯片与纳米生物技术专业委员会和亚洲生物技术协会（AFOB）纳米生物技术、生物传感与生物芯片分会联合主办的"全国第二届生物传感、生物芯片与纳米生物技术高端论坛"在济南召开。会议围绕生命分析与大健康主题，以促进我国生物传感、生物芯片与纳米生物技术科技为宗旨，为与会者提供具有国际科技前沿和多学科交叉特色的科技合作与交流平台。

印包学院 2018 年本科生"实培计划"研究成果喜获佳绩

　　为了让学者更好地展示优秀科研成果，会议安排了墙报学术交流环节，并在大会中举行了评审及颁奖活动。经过中国生物工程学会专家评审团评审，中科院生物物理研究所、中科院武汉病毒研究所、山东省科学院生物研究所、青岛科技大学和北京印刷学院等高校和科研院所参评的项目成果脱颖而出，获得优秀墙报奖。学校印包学院选送的"基于印刷技术的柔性传感器研制"的项目成果获得唯一特等奖（墙报），它是由 2015 级包装 2 班毕业生邓骞主持的 2018 年北京市"实培计划"项目（指导老师刘儒平）。项目采用高精度印刷电子集成技术有效降低制备成本，具有批量生产和加工重现性好等优点，且丝网印刷技术线条精度可达到 200μm，喷墨印刷线条精度可以达到 150μm，可满足用于神经电刺激的微电极制备需求。印刷制造技术已成为构建柔性电子器件及芯片的全新手段和研究方向，它从功能型电子材料出发，将功能性油墨以卷对卷方式集成印刷制造为功能性电子器件。这将促进学科间的交叉融合，提升印刷制造的综合应用实力。

　　自 2015 年北京市"实培计划"实施以来，印包学院高度重视，结合专业特色和未来技术发展前沿，精心组织选题，保障项目实施和成果验收，并与中科院、985 高校等单位就毕业设计（论文）和科技创新型人才培养进行了深度合作，取得实效。此次获奖，将激励师生更加关注和投入到学生的创新实践活动中，为复合应用型人才培养做出贡献。

# 七、印包学院 2019 届"启航东方杯"毕业设计作品展圆满落幕

2019 年 6 月 20 日,印包学院 2019 届"启航东方杯"本科毕业设计作品展在学校新创大厦 A 座一层大厅开幕,学校党委常委、组织部部长刘尊忠和各职能部门负责人受邀参加了开幕式。开幕式由印包学院执行院长魏先福主持。

印包学院副院长杨永刚介绍了毕业设计作品展的基本情况。毕业设计展共展出 88 个具有代表性的优秀毕业设计作品,占 2019 年整个二级学院毕业生毕业设计作品的近四成。这些毕业设计作品选题新颖,主要围绕前沿印刷材料、精彩立体书与电子书设计制作、文创产品包装设计与品牌形象设计、印刷电子技术及应用、智能包装方案设计、减量化快递包装与保鲜包装等主题展开,近七成来自教师的横纵向课题、北京市实培计划和大学生科研训练深化项目,既响应了行业发展对技术的需求,又体现了印刷文化的传承与创新。

**2019 届毕业设计展部分作品**

本届毕业设计展受到北京启航东方印刷有限公司的赞助支持,公司董事长张洁在致辞中表示,祝愿 2019 届毕业生们志存高远、前程似锦,为新时代我国印刷出版业的长足发展贡献智慧与力量。

最后，刘尊忠在总结讲话中指出，印包学院毕业设计质量逐年提高，作品展出方式别出心裁，令人印象深刻，祝愿同学们顺利走入社会，迈好人生第一步。

印包学院 2019 届"启航东方杯"毕业设计作品展展出

开幕式后，优秀参展毕业设计作品评选活动举办，评委组认真聆听毕业生现场演示和讲解，对参展的毕业设计作品逐一进行打分。

校长罗学科在参观毕业设计展现场时详细了解了印包学院 2019 届毕业设计选题和开展情况，勉励学院要从学校发展定位和人才培养的高度，积极引入行业资源，拓展产学研合作，加强毕业设计选题指导，精心组织，提高毕业设计作品质量。

罗学科参观印包毕业设计展

6 月 27 日上午，优秀参展毕业设计作品颁奖仪式在新创大厦第七会议室举行。学校教务处副处长李桐、北京启航东方印刷有限公司董事长张洁、北京金印联国际供应链管理股份有限公司总经理于江鸿、北京德青源农业科技股份有限公司市场总监陈俊翔、北京吾尚国际文化传播有限公司总经理石志敏、天津市久迪科技有限公司总经理张登峰等受邀出席仪式，印包学院领导班子全体成员、师生代表近80人参加。颁奖仪式由魏先福主持。

李桐在致辞中指出，当前本科生创新创业的机会很多，形势很好，带给学生的挑战也更多，希望同学们能够有创新思维，不断创造，涌现出更多的创新创业先进典型。

现场颁发了企业赞助证书、优秀参展毕业设计作品及指导教师获奖证书。

学院党委书记张改梅为启航东方颁发赞助证书

颁发优秀参展毕设作品证书

颁奖仪式上，印包学院党委副书记杨珂、副院长杨永刚分别与北京吾尚国际文化传播有限公司经理石志敏签署学生实习实践、产学研合作协议，共同为校外教学实践基地揭牌。石志敏在发言中表示，作为北印的校友，愿意与学校合作，互助共赢，为印包学院学生提供更多实践锻炼的机会，也希望在文创比赛、品牌塑造和学生创业等多方面与印包学院开展深度合作，不断创新进步。

学校兼职教授于江鸿、印包学院双创导师张登峰等的聘任仪式，印刷文明传承体验中心设备捐赠仪式和德青源包装设计实践项目宣讲发布仪式也同期举行。

# 八、中国新闻出版广电报：作品诠释 育复合应用型人才

2019 年 5 月 27 日，以"传承·融合·创新"为主题的北京印刷学院 2019 届本科毕业设计作品展在学校新实验楼前广场开幕。一年一度的毕业设计作品展既是学校育人效果的一次检验，也是学生展示创新精神与实践能力的良好平台。绿色印刷、智能包装、创新融合是印刷与包装行业发展的未来趋势，本届毕业设计作品展很好地诠释了这一主题。

**红色 + 绿色 作品格外出色**

今年的作品展，由一个主展区和两个副展区组成，涵盖了国庆献礼、绿色印刷、红色出版、多彩艺术、新媒体体验和协作培养等多个主题模块。

其中，"追忆红色年华之红人堂文化创意包装设计探索"以创建红人堂旅游文化品牌为契机，提倡回归环保自然，崇尚用原生态的纸张文化去重现历史、传递感情，并设计出一整套以红色文化为中心的创意礼品，如创意纸包装、纸雕灯、文创作品与摆饰。"印迹——红色文化主题包装设计探讨"则以北京天安门前飘扬的红旗元素和抽象化处理的长城元素相搭配，设计出"北平印象"的主旨Logo，体现出红色文化中代代传承、团结奋进的革命精神。同时，把剪纸、编结等传统手工艺元素融入红色革命歌曲 CD 外包装盒的插图设计，并进一步创新产品结构设计与装潢设计。

"拾光·慢生活——搪瓷缸小院民宿品牌包装设计"则融合了 20 世纪 70 年代的大字报风格，既凸显怀旧淳朴之感，又流露闲适自由之风，把红色文化与绿

意盎然紧密融合，张弛有度。"《万有同春》龙鳞装手卷设计与制作"使用现代印刷技术，在最大印刷幅面内一次性输出含两个以上叶片的叶心，克服了传统龙鳞装结构因一片一片的叶片粘接而导致的位置误差。此外，《基于印刷电子技术的交互式电子海报》《基于印刷元素的立体书设计与造型方法》等作品亦吸引眼球。前者通过触摸可触发海报的声光电功能，实现一定程度的交互，是印刷电子、绿色制造的完美体现；后者运用立体书成型工艺和纸艺技术，设计制作了一套可以让读者通过观看及人书互动的方式来学习了解印刷知识的立体书作品。

**传承 + 创新 培养特色先行**

一直以来，北京印刷学院都致力于构建政产学研用协同育人模式，培养"创意设计，艺工融合"的复合应用型高素质人才。作为学校特色优势明显的二级教学单位，印刷与包装工程学院也坚持走"绿色印刷、智能包装、创新融合"的发展道路，以强化品牌影响力。

坚持立足北京、扎根行业，落实政产学研用协同育人模式。印刷具有文化与制造的双重属性，包装具有制造和艺术的双重属性，印刷与包装工程学院深耕行业，做好艺工融合，整合校内外现有的科研及实践创新平台，推动落实政产学研用协同育人，毕业生在印刷、包装及相关行业的机关、企业、高校、人民团体、出版机构与媒体中发挥中坚骨干作用，形成了广泛的影响力和良好的社会声誉。

坚守印刷文明传承和传媒科技创新，丰富复合应用人才培养内涵。印刷与包装工程学院已经与中国印刷博物馆在印刷展品数字化再现、印刷文物修复、印刷史研究等领域开展过密切合作，与东方宝笈文化传播（北京）有限公司在珂罗版印刷技术研究、书画文物复制等领域开展深度合作，与北京大学、中科院、扬州广陵古籍刻印社等在雕版印刷学术研究、中国印刷文化遗产研究及保护等领域开展广泛合作，并推动中华传统印刷技艺的开发与复合应用型人才的培育。同时在学校双创基地成立印刷文明传承体验中心，加强了对古典印刷技术的体验和对中华印刷文明的感知。

此外还依托印刷电子工程技术研究中心和印刷包装材料与技术重点实验室，开展印刷电子、3D 打印、生物印刷和柔性制造等相关技术研究和标准研制，通过跨学科专业合作，促进纸艺作品、数字交互媒体、VR/AR 等领域的创新成果不断推出。这些都有力推动着印刷、包装概念的外延和科技的创新与融合。

中国印刷导刊

产教视线 D05
2019年6月17日 星期一 责编：祝小茹 版式：楼政俊 责校：林格尔

毕业季来临，北京印刷学院举行2019届本科毕业设计作品展，以优秀的毕业作品向祖国献礼；上海出版印刷高等专科学校接连参加"挑战杯——彩虹人生"全国职业学校创新创效创业大赛和中国"互联网+"大学生创新创业大赛，并获得全国及地方奖项……两所出版印刷高校如何培养新时代的高素质人才？本期《产教视线》聚焦印刷院校的创新培养方式。

## 作品诠释
## 育复合应用型人才

□杨永刚

5月27日，以"传承·融合·创新"为主题的北京印刷学院2019届本科毕业设计作品展在学校新实验楼盛大开幕。一年一度的毕业设计作品展既是学校育人效果的一次检验，也是学生展示创新精神与实践能力的良好平台，绿色印刷、智能包装、创新融合是印刷与包装行业发展的未来趋势，本届毕业设计作品展很好地诠释了这一主题。

北印毕业生设计的以红色文化为中心的创意作品。 资料图片

### 红色+绿色 作品格外出色

### 传承+创新 培养特色先行

（作者系北京印刷学院印刷与包装工程学院副院长）

## 项目激发
## 创新课程教学模式

□金琳

获"挑战杯——彩虹人生"全国职业学校创新创效创业大赛全国三等奖2次、"挑战杯"上海市一等奖2次、校内"挑战杯"比赛特等奖3次，获授权发明专利1项，授权实用新型专利5项……这是自2016年开始，上海出版印刷高等专科学校印刷媒体技术专业实施"创新方法引领、赛教融合驱动"教学模式的创新成果。

### 化繁为简 提升授课质量

### 实践检验 收获项目成果

（作者单位：上海出版印刷高等专科学校印刷包装工程系）

上海版专参赛学生现场汇报及获得的专利授权。 资料图片

北京印刷学院2019届本科毕业设计作品展报道

# 九、中国新闻出版广电报：新体验！今年我们"云答辩"

印包学院 2020 届本科毕业设计云答辩报道

"各位评审老师好，现在开始阐述我的毕业设计……"在北京印刷学院印刷与包装工程学院副院长杨永刚的计算机上，传出学生清晰的答辩声音。与往年不同，今年从毕业设计的中期检查，到最终的论文答辩，印刷与包装工程学院都采用了"云答辩"的方式。

"这种'云答辩'形式总体效果很好，值得推广。"杨永刚告诉《中国新闻出版广电报》记者，为了达到"云答辩"的最佳效果，学生会不断提高毕业设计作品的质量，也对自己的"出镜"做了一番准备，画面感超强。但如果要考查学生的现场演示，可能稍显不足。

为切实保障本科毕业设计及论文的进度和质量，北京印刷学院相继出台相关预案，引导师生充分利用网络教学平台、学校毕业设计智能管理系统和网络渠道，开展线上学习、线上指导、线上答辩。北京印刷学院教务处副处长李桐告诉记者，按照"指导形式有创新，工作进度不延误，毕业设计质量不下降"的毕业设计（论文）工作总目标，学校制定了毕业设计工作实施细则，明确时间表、任务清单和实现途径，做到"一专业一方案"。

对于像印刷包装这类专业，大部分毕业设计需要在实验室和操作间完成。学生做不了实验，无法测试数据，毕业设计如何开展呢？北京印刷学院印刷与包装工程学院毕业生张万丽告诉记者，学院延迟了毕业设计中期检查的时间，并指导学生采用工厂布局设计或产品方案设计、文献调研整理、问卷调查分析等方式来完成毕业设计任务，形成设计类、综述类等毕业设计。

在湖南工业大学包装与材料工程学院 2020 年 5 月底就完成的"云答辩"环节中，印刷工程等三个专业共计 345 人使用腾讯会议的"屏幕共享"展示和汇报了其毕业设计或论文成果。线上老师则与学生"连麦"进行提问，并提出意见和建议。印刷工程系主任黄国新表示："今年毕业设计全部改为线上指导、线上答辩。在老师的指导下，印刷专业学生及时调整毕业设计选题，并运用所学专业知识认真完成，体现出印刷专业学生扎实的基础。"

# 第五章　教学改革研究论文

# 第一节 人才培养

## 印刷工程卓越人才企业培养方案的探讨 ①

左晓燕 邓普君 秦练 张婉 吴莹

（北京印刷学院 北京 102600）

**摘要：** 2011 年制订了北京印刷学院印刷工程专业（本科）卓越工程师教育培养计划，基本思路是采用校企联合培养模式，把工程师培养分为校内学习三年和企业学习一年两个培养阶段。其中企业学习阶段，按照学生在企业学习期间的培养目标、培养要求和相应的培养体系，学习企业的先进技术、先进设备和先进企业文化，为培养掌握印前、印刷、印后加工各个领域技能的、专业的卓越工程师奠定基础。制订符合印刷工程专业特色的企业培养计划是实施整个计划的重要组成部分。

**关键词：** 印刷工程；卓越工程师；企业培养；专业特色

2010 年 6 月启动的 "卓越工程师教育培养计划" 是教育部贯彻教育规划纲要精神率先启动的一项高校重大改革计划，主要目标是面向工业界、面向世界、面向未来，培养造就一大批创新能力强、适应经济社会发展需要的高质量各类工程技术人才。在教育部和工程院发布的《本科工程型人才培养的通用标准》指导下，以教育部印刷包装教学指导委员会发布的《印刷工程专业规范（讨论稿）》为基础，结合印刷工程专业特色与人才培养定位，印刷与包装工程学院于 2011 年 5 月制订了北京印刷学院印刷工程专业（本科）卓越工程师教育培养计划，基本思路是采用校企联合培养模式，把工程师培养分为校内学习三年和企业学习一年两个培养阶段。其中企业学习阶段，按照学生在企业学习期间的培养目标、培养要求和相应的培养体系，学习企业的先进技术、先进设备和先进企业文化，为培养掌握印前、印刷、印后加工各个领域技能的、专业的卓越工程师奠定基础。

---

① 资料来源：科技资讯，2013 年（28）：131+133.

# 一、体现印刷工程专业特色的培养模块

印刷工程专业以印刷原理与现代印刷技术及数字印刷技术相结合为特色，突出现代印刷技术运用与印刷工艺设计开发能力的培养，面向现代印刷及相关产业，主动适应国家经济建设和社会发展需要，培养具有印刷工程专业综合素质能力和创新精神的应用型高级专门人才。为了因材施教，满足行业需求，本计划设定了印前工程师、印刷工程师、印后工程师三个实践培养模块。

# 二、企业培养方案

通过多年的校企合作，以在印刷行业有着良好的企业文化、过硬的技术人员和良好发展前景的企业为依托建立卓越工程师企业培养基地，推动高校与企业联合培养应用型高级印刷工程师，共同探讨人才培养新模式。

### 1.培养目标

"印刷工程专业卓越工程师计划"目标是培养系统掌握印刷工程专业的基本理论知识和技能，具有现代图文信息处理、再现和现代印刷复制技术的能力，熟悉图文处理技术、印刷工艺设计、印刷品质量监控、印刷材料适性测试的基本方法，具有较强实践能力和创新精神，能在印刷和包装、出版、广告以及相关行业从事印刷工艺设计、技术管理、质量监控等相关工作的应用型高级专门人才。

### 2.培养要求

"印刷工程专业卓越工程师计划"企业学习阶段主要是完成深化工程实践能力任务，以实践教学为主，加上必要的理论专题学习。因此企业学习阶段培养要求达到以下四个方面：感受企业先进文化与理念，树立爱岗敬业的信念，培养学生的职业精神和职业道德；学习企业的先进技术；深入开展工程实践活动；参与企业的技术创新。

### 3.培养计划

"印刷工程专业卓越工程师计划"企业累计学习时间为一年，以"印前工程师培养"为例，将学生在某企业14周的学习时间分为六个阶段安排如表1所示，每个阶段都有具体的学习内容及要求，并由企业指导人员负责指导、考核。（见表1）

表1　14周的企业学习阶段内容

| 序号 | 学习内容 | 学习时间 | 负责人 | 要求及考核 |
|---|---|---|---|---|
| 1 | 实习培训、安全教育、企业文化 | 1周 | 企业人力资源部门 | 了解企业情况及安全事项，交报告 |
| 2 | 印前图文处理 | 1周 | 班组长、企业指导老师 | 熟悉流程，基础操作，交报告 |
| 3 | 印前图文处理 | 1周 | 班组长、企业指导老师 | 熟悉流程，基础操作，交报告 |
| 4 | 轮岗倒班 | 6周 | 班组长、企业指导老师 | 熟悉操作，考核，交报告，后2周准备毕设开题 |
| 5 | 工艺管理 | 1周 | 企业指导老师 | 工艺管理初级认识，考核，交报告 |
| 6 | 毕业设计 | 4周 | 校企导师联合指导 | 完成毕设主体任务 |

**4. 师资配备及校企协调机构**

印刷工程专业强调教师的工程实践能力培养，卓越计划的校内指导教师选拔应突出"工程、实践"特点，指导教师有不少于半年的工程实践经验。平时对于新教师、年轻教师，学院应指派工程实践丰富的老教师为其进行基础培训，每年在适当的时间安排到相应的企业进行脱产锻炼三个月，使"卓越工程师培养计划"保持稳定的指导教师队伍和增强教师的工程指导能力。

在"卓越工程师培养计划"框架下，生产企业不仅限于提供实践平台，更重要的是参与人才培养的全过程。参与"卓越工程师培养计划"的企业指导教师基本以生产一线的高级工程师为主，担任企业的技术和管理骨干，具有丰富的理论和实践水平，能全面、系统地掌握相应的工程实践环节。

"卓越工程师培养计划"将行业企业参与作为计划实施的前提，强调企业是卓越工程师的共同培养单位。由于培训环节多、实施过程长、涉及的人员职务交叉、安全保密等细节问题，校企双方必须针对计划项目成立专门的执行和协调机构。机构可以由校方的教务处、企业的人力资源共同建立，成员由双方相关处、部负责人及卓越计划项目主管等担任，卓越班班主任配合协调机构进行日常事务的沟通管理。

## 三、结语

我校"印刷工程专业卓越工程师计划"刚刚开始实施校内培养计划阶段，制订符合专业特色的企业培养计划是实施整个计划的重要组成部分，是一项系统、复杂的工作，需要不断地学习、借鉴其他高校的经验，以构建应用型印刷专业本科人才为目标，对企业培养方案的培养目标、培养要求、培养计划、师资配备等方面进行不断探索，才能保证校企合作长期、稳定、健康发展，从而全面提高学生工程综合素质，真正实现工程教育的培养目标，为企业、行业乃至社会培养卓越印刷人才，使学生将来为我国印刷事业做出卓越贡献。

## 参考文献

[1] 仇润鹤, 刘堂友, 倪琳, 等. 电子信息工程专业卓越工程师培养计划制订与实践[J]. 武汉大学学报, 2012, 10(58)S2: 59-62.

[2] 戴玉华, 顾凯, 黄建平, 等. "卓越工程师教育培养计划"企业学习阶段培养方案制定的探讨[J]. 实验室研究与探索, 2012, 12(31): 159-162.

[3] 刘峰, 张红霞, 曾大新, 等. 面向汽车产业的材料成型专业卓越工程师企业培养体系的构建[J]. 中国教育技术装备, 2012, 12(36): 61-63.

[4] 王五洲, 田晋平, 郭亚兵, 等. 基于"卓越工程师计划"下的环境工程专业实践教学体系的改革与实践[J]. 广东化工, 2013, 2(40): 135-136.

# 印刷工程专业卓越工程师培养计划进展与实践 ①

杨永刚　梁炯　张改梅

（北京印刷学院　印刷与包装工程学院　102600）

**摘要：** 本文首先列举了北京印刷学院印刷工程专业开展卓越工程师培养计划以来的近四年时间的总体进展状况，然后主要从校企联合培养、修订培养方案、改革教学及考核方式和完善教学质量保障体系等方面阐述了学校所采取的举措与取得的成绩，并简要介绍了人才培养国际化的目的与规划，最后，论文交代了卓越工程师计划未来的工作计划和参与评估认证工作的基本思路。

**关键词：** 印刷工程；卓越工程师；进展；人才培养；国际化

2012 年 2 月，北京印刷学院本科专业印刷工程获得教育部第二批"卓越工程师教育培养计划"（以下简称卓越计划）试点资格，同年 11 月，学校发布了"卓越工程师教育培养计划实施方案"，12 月，卓越计划试点班——"毕昇卓越班"举行开班仪式，标志着学校高层次创新人才培养工作进入了更高、更新的发展阶段。近两年来，北京印刷学院投入优秀师资力量，创造良好的学习氛围，加大实践教学力度，不断改革和探索工程教育人才培养新模式，取得了一些骄人的成绩。

## 一、总体进展

1. 完善卓越计划机制，有条不紊地推进卓越工程师计划人才培养工作

自 2012 年印刷工程专业卓越计划获批以来，学校领导十分重视，上下齐动，

①  资料来源：王素艳、杜明芳.《断裂·融合》数理化课程与大学生科学素养与人文素养的和谐发展 [M].
北京：北京艺术与科学电子出版社，2016。

力争在资源、机制、人员和经费上全力保障卓越计划的实施，使卓越工程师培养工作落到实处。根据卓越计划要求，学校推出了"1+2+1"的人才培养新模式，即大一第一学年在校内进行通识课教育，大二和大三两个学年完成学科基础课和专业课程，大四最后一学年在企业进行专项强化实训和毕业设计。大三暑期7月初开始，学生就被派遣到企业进行生产实习和岗位实训，10月中旬在学校或企业开展毕业设计任务，第八学期的4—6月继续深入企业，结合就业进行有针对性的毕业实习。这一举措既强化突出了企业实习实训在卓越计划中的重要性，又保证了学生按质按量地拿到毕业学分，正常毕业。实习过程由工程实践经验丰富的企业导师和学校的指导教师共同来指导和管理。同时，学校设置了"图文信息处理工程训练课"（2周）和"色彩管理实训课"（1周），邀请了中国印刷科学技术研究所和北京今印联图像设备有限公司的工程师担任培训教师，以实际任务制进行实操训练，在企业或学校交叉进行，取得了满意的实训效果。

2014年5月至7月，北京印刷学院印刷与包装工程学院集中走访了中国石油大学、北京石油化工学院、天津科技大学、西安理工大学和陕西科技大学等兄弟院校以及北京雅昌彩色印刷有限公司、北京鸿博昊天有限公司、江苏凤凰彩印有限公司、西安秉信纸业有限公司、四川日报印务中心和四川永发印务公司等行业优秀企业，就卓越计划人才培养模式进行了广泛的调研。11月1日，学校组织了"提升专业人才培养质量暨毕昇卓越班培养模式研讨会"，邀请了国家新闻出版广电总局、中国印刷技术协会和北京工业大学的有关领导以及企业的代表出席会议，加强了校企间的合作，为印刷行业技术大变革背景下创新型实践人才的培养提供了许多可行的方案和有益的参考。

2. 学生主动参与，保障了卓越计划的有效实施和阶段性目标的实现

我校印刷与包装工程学院每年均是根据学生学业成绩、专业兴趣和就业背景等综合条件，从印刷工程、包装工程等3个本科专业300余名学生中遴选出优秀学生组成毕昇卓越班，至今已有四届，分别是2011级、2012级、2013级和2014级4个毕昇卓越班，近150人。学生参与卓越计划的热情高涨，每届均有200余名学生报名，根据资格审查，确定100名左右的大名单，再经过面试、笔试等环节，最终确定35名入围者。目前，2011级35名第一届毕昇卓越班学生已顺利毕业，就业状况良好；2012级毕昇卓越班学生已经完成了校内专业课学习和"图文信息处理工程训练课""色彩管理实训课"两门课程的实训任务以及

企业生产实习，目前正处于毕业设计阶段；2013 级毕昇卓越班学生完成了"图文信息处理工程训练课（电子书的制作）"和一系列的企业参观学习，还有一个学期的校内专业课学习任务；2014 级毕昇卓越班学生正处于紧张的校内专业课学习中。

2012 级毕昇卓越班学生设计打印作品

学校组织毕昇卓越班学生聆听了有关凹印、金属印刷和票证印刷方面的专题讲座，现场邀请了来自中国印协、德国高宝（KBA）公司和北京鸿博昊天公司等协会或企业的专家为同学们答疑解惑，创造学生与行业专家面对面交流的机会。2014 年 11 月和 2015 年 6 月，学校还组织毕昇卓越班参观了第五届中国国际全印展，还考察了廊坊和天津等地的印刷包装企业，以此拓展学生对印刷科技最新发展趋势的感官认识，并坚定他们对专业的认同。

毕昇卓越班学生积极参加学校科研平台、开放实验室的科技创新活动和校级大学生科技节，申报和主持市级大学生研究计划项目，参与各级各类专业设计大赛、创新创业大赛和职业技能大赛，取得过意大利印刷技术奖、全国印刷行业职业技能大赛、中国创新设计大赛、首都大学生课外学术科技作品竞赛、北京国际设计创意大赛和全国大学生包装结构设计大赛等国内外大赛的奖项，既锻炼和提升了自己，又为学校赢得了荣誉。

经过问卷调查，学生对卓越计划的实施目标很清楚，对卓越计划教学过程管理、课程设置和创新实践环节质量保障非常满意，这使得卓越计划的分阶段目标在每届学生中都能保质保量地有序完成，也坚定了学校培养拥有实践创新能力和工程开发能力的高级应用型人才的信心。

**3. 企业积极配合，提供优质资源为卓越计划实施保驾护航**

为了有效落实卓越计划，学校积极开拓企业资源，在已有的教学实践基地和新签约的校外实践教育基地中遴选3个到5个作为卓越计划专用的工程实践教育中心，并聘用了19名企业导师，重点强化学生在企业的印刷流程或模块的专项实践训练，以课题研究、印品印制解决方案或工艺设计与开发等模式，加强学生实习实践岗位锻炼，培养独立发现和解决印刷技术故障的能力。

在校企交流过程中，企业对学校实施卓越计划非常赞同，并表示一定要大力支持和积极配合好这项工作，使培养出的"卓越工程师"人才名副其实，能在企业中快速进入角色，并逐步具备独当一面的能力。目前，根据行业需求和人才培养的特点，学校优选出北京雅昌彩色印刷有限公司、江苏凤凰新华印务有限公司、四川日报印务中心、中荣印刷集团公司、运城制版有限公司、蚌埠金黄山凹版印刷有限公司等在艺术印刷、大数据管理与云印刷、传统报业轮转印刷、凹版雕刻与包装印刷领域有很强竞争力的企业作为卓越计划的工程实践教育及人才培养基地。这些企业为卓越计划专门设计了实习实践教学方案和实践研究课题，并提供实习岗位，进行阶段性考核和实习成绩评定，并在后勤服务上为学生实习提供了便利。

# 二、人才培养机制改革

**1. 学校在校企联合培养方面的举措**

目前，2011级和2012级毕昇卓越班学生的培养，仍然遵循3+1模式。其中1年的实习过程，采取集中与分散相结合的实施方案，拟让各企业能够集中力量针对性地指导学生实习实践。我们从校企合作的企业中挑选了全国各地12家实习单位，并从每个企业聘请1～2位技术或管理人员作为企业导师，共计25名。在实习过程中，企业导师结合本单位的生产特点以及学生的兴趣特长，制订了实习的总目标和周计划。要求学生定期撰写或上交总结报告，从而跟踪并有针对性地指导学生的实习过程。企业对毕昇卓越班学生在实习中的表现给予了高度的认可，并且推荐7名学生将毕业设计放在企业完成，也有多名学生正在与实习单位商谈就业意向。这个严格管理和针对性指导的过程，拉近了学生与企业的距离，增进了相互了解和信任。

在 2014 年 11 月举办的"毕昇卓越班人才培养方案"研讨会上，邀请企业导师前来聆听培养方案的改革思路，并给出合理具体的建议和可行性执行方案，参与培养计划的制订工作。2014 年 12 月以来，学校先后邀请北京知凡天一文化传播有限公司和北京鸿博昊天科技有限公司的技术人员为学生开展电子书制作和印刷新科技的专题讲座，引导学生开展对印刷新材料、新工艺的探求，进一步强化人才培养过程中的企业参与度。

2. 制定专业人才培养标准，修订培养方案，整合课程体系

2014 年的培养方案，在下列方面进行了改进。

（1）培养目标的变化。

2013 版培养方案以培养面向传统印刷模式的专业技术人才为目标，以印刷复制技术为基础，以印刷工艺设计能力的培养为目的；2014 版培养方案以培养能够面向印刷及其应用行业，能够引领行业发展方向的高级专业人才为目标，以信息处理及再现原理为基础，以印刷复制技术为手段，突出现代印刷技术运用与工艺设计开发能力，以及针对各种媒体输出方式的信息加工技术的应用能力。

（2）增加和修改的课程。

针对培养目标的变化，毕昇卓越班的课程进行了如下调整：增加了程序设计课程，以提高学生编程能力及该能力在专业中的应用能力；为学生设置两个选修方向，从材料科学和数字能力方面培养学生，有利于引导学生根据自己的兴趣偏重特定的学习目标；增加了限选课的门数，将以前作为选修，但属于在培养学生研究能力和知识架构系统方面比较重要的课程设置为限选课；增加了适应现代数字复制技术和质量控制技术的课程，如"可变信息印刷技术""印刷标准与应用"课程；扩展了印刷工艺技术课程的讲授范围，如将"功能印刷"替代原来的"特种印刷"课程；开设了三门双语教学课程，以增加学生在专业领域对英语的应用和把握能力。

3. 改革教学方法和手段，改进课程考核方式

采用多元化考核方法，改变传统考核注重实验成效，改为结果、过程统筹，正确评定学生实验成绩，引导学生由过去的"学习、考试"型向"学习、思考、研究、创新"型转变。在毕昇卓越班开设了"印刷工艺工程训练"课程，要求学生自行设计作品，选择印刷方式，并选择本中心的相关设备系统进行实验制作，获得最终的加工产品。通过现场的实操打分、实验报告提交后的评判，以及实验中随机设问抽查的方式，对学生进行考核。

在 2012 级毕昇卓越班的教学过程中，本学年加大了企业进课堂的力度。例如，《印后加工原理及技术》课程在教学过程中，引入了五次企业技术专家来课堂讲座。分别是：北京黎马敦太平洋包装有限公司专家，讲解烟包工艺及样品分析；北京库尔兹公司专家，讲解电化铝箔应用技术；德国汉高公司专家，讲解装订黏合剂的组成与应用。并将学生带到企业，现场观摩和讲解，其中包括北京鸿博昊天印刷有限公司。另外，在课上特意聘请了本校设计艺术学院韩济平教授对书刊装帧的艺术设计进行了讲解和展示。在《信息技术和跨媒体传播》课程中，

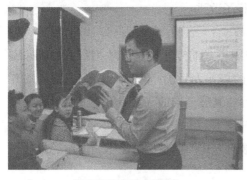

**汉高装订黏合剂课程**

聘请了北大方正的技术人员讲解方正飞翔软件的电子书制作工艺。这种将企业引入课堂的教学方式，让学生在接收新知识的过程中，体会了技术实际应用的现状和效果。并在课程结束后，要求学生制作立体书、装帧书作品，力促印后作品展览，虽然首次仅收到为数不多的作品，但是个很好的开端。

针对当前印刷行业面临变革和转型的现状，学校首次从毕昇卓越班挑选并派出 15 名同学参加 2014 年 11 月在上海举办的全印展，力争给他们创造更多直接了解行业的机会。各位参加展会的同学，在回校后也有针对性地向毕昇卓越班的其他同学汇报了展会现场的所见所闻。汇报会在老师的组织下进行，并且配合老师的现场讲解，同学的问询，加深同学对行业发展和现状的印象。

**4. 完善质量保障体系，多渠道促进学生成才**

2011 级、2012 级毕昇卓越班学生暑期实习结束后，学生的实习成绩由指导教师、企业导师以及回校后的实习汇报三部分组成，实习监控与结果评价真实代表学生的实习表现与实习收获。

设立"创意印"印刷专业竞赛，拟引导学生利用所学知识，提出设计和加工方案，以解决实际问题，并接受专业人士的检验和评价。该竞赛正在进行中，拟在 2015 年完成所有评选工作。

鼓励并推动毕昇卓越班学生参加印刷模拟软件"SHOTS"的国际竞赛。由大赛组委会聘请前届的获奖者针对学生进行专业培训，并积极组织学生的训练过程，将学生推向国际大赛，接受更加严格的考验和评选。

# 三、国际化

国际化内涵的建设，定位为语言的运用能力和国际科技发展动态的掌握与了解。针对语言的应用能力，注重双语课程的开设和邀请国外专家举办讲座两个方面。双语课程顺利开设的基础是拥有良好素质的学生。为了提高学生对英语的感知和应用水平，2014 年度邀请了两名瑞士专家和两名德国专家，分别给学生举办了防伪印刷、印刷行业技术标准、金属印刷等方面的讲座，学生在接触专业知识的同时，体验了专业英语的交流和应用。

瑞士专家讲解行业技术标准　　　　　　　　德国专家在讲解金属印刷

这几项讲座和授课在面向毕昇卓越班学生的同时，也为普通班学生提供了机会。

同时，为加强卓越计划的国际化，学校与瑞典林雪平大学（Linköping University）签订合作培养交换生协议，拟每年在毕昇卓越班和其他班级选拔 2～5 名优秀学生前往该校进行为期 1 年的专业学习和语言培训。

# 四、下一步工作思路与计划

## 1. 继续推进卓越计划的实施

（1）继续加大学生在企业的实习实践机会，将实习开始的时间提前，并增加实习频次。

（2）整合专业课程实验，将相关课程的实验从教学内容中抽取出来，设定探究型、综合型和设计型实验。

（3）加大学生专业应用能力的培训，选择适合的专业培训机构，开设系统化的面向专业应用的培训课程。

（4）2015年新版培养方案将配合新的教学大纲，拟注重学生综合素质、创新能力、印刷科学领悟能力的培养。

（5）继续挑选具有完善管理体系的企业作为实习单位，并继续推进学生在印刷相关领域或行业的就业和发展。

2. 参与卓越计划实施工作的评价及验收

（1）目前，北京印刷学院部分工科专业正着手准备专业认证。毕昇卓越班来源于印刷工程专业，通过借鉴本科专业认证可促进卓越计划的评价验收工作。

（2）以北京工业大学、北京石油化工学院等有关本科专业卓越计划的评价体系为参照，积极准备，加强顶层设计，夯实基础，以迎评工作促进卓越计划实施，并最终顺利完成评价验收任务。

# 参考文献：

[1] 施丽倩, 唐义祥. 印刷卓越工程师培养实施的思考[J]. 印刷世界, 2012(8).

[2] 李文育, 徐永建. 面向企业需求的卓越工程师计划印刷实践教学体系的构建与实践[J]. 印刷世界, 2013(3).

[3] 曹从军, 王毅, 刘琳琳. 印刷工程"卓越工程师教育培养计划"的实践与思考[J]. 中国印刷与包装研究, 2012(4).

[4] 左晓燕, 邓普君, 秦炼, 等. 印刷工程卓越人才企业培养方案的探讨[J]. 科技资讯, 2013(28).

[5] 王晓红, 严美芳, 徐敏, 等. 基于卓越工程师培养的印刷创新课程建设[J]. 出版与印刷, 2013(3).

[6] 陈虹. 具有印刷特色的机械工程卓越工程师的培养途径与方法的探索[J]. 中国印刷与包装研究, 2013(4).

# 行业转型升级下印刷"卓越工程师"创新人才培养模式的构建与实践 ① ※

杨永刚 梁炯 张改梅 施亚梅 罗先岑 朱晓瑜 胡晓婕

（北京印刷学院 印刷与包装工程学院 北京 102600）

**摘要：**"十三五"以来，印刷产业正在转型升级，未来发展预期看好，故对高端工程技术人才仍保持旺盛的需求。本论文简要分析了"卓越工程师"创新人才的培养途径，也介绍了该人才培养模式在近三年来在教学改革、教学资源建设、学生思想状况、学生工程实践能力等方面所取得的成效。最后指出，该印刷"卓越工程师"创新人才培养模式得到了同类院校和社会、行业的认可，具有很强的示范性和国际影响力。

**关键词：**行业转型升级；印刷；卓越工程师；创新人才；特色专业

## 一、引言

2009 年，国务院颁布的《文化产业振兴规划》明确指出，印刷业是我国九大文化产业之一，是文化创意产业的重要工程技术支撑；2016 年 7 月，北京市"十三五"时期文化创意产业发展规划（京宣发〔2016〕29 号）指出，文化与科技、相关产业等多元融合发展的格局将逐步形成，要重点发展绿色印刷、按需印刷，推进"高精尖"文化创意产业体系建设。"十二五"中期尤其是进入"十三五"以来，围绕产业转型升级和优质发展预期目标，在国家创新战略、"互联网 +"战略、文化创意产业利好政策和社会消费品零售市场增长等强力驱动下，我国印刷产业仍呈现出向好发展势头，对高端工程技术创新人才仍保持旺盛的需求。

① 资料来源：王关义."服务教学 促进发展"2017 年度教师教学发展中心论文集 [M]. 北京：文化发展出版社，2018。

※ 项目来源：本论文受北京印刷学院 2015 年校级教学改革重点项目资助（项目号：22150115041）。

为贯彻落实《国家中长期教育改革和发展规划纲要（2010—2020 年）》和《国家中长期人才发展规划纲要（2010—2020 年）》，教育部于 2010 年 6 月启动了"卓越工程师教育培养计划"，旨在培养造就一大批创新能力强、适应经济社会发展需要的高质量工程技术人才。北京印刷学院是教育部第二批"卓越工程师教育培养计划"试点单位（印刷工程是试点专业之一），参与发起 2012 年 1 月成立的北京市"卓越工程师教育培养计划"高校联盟。2012 年 11 月，学校发布了"卓越工程师教育培养计划实施方案"，12 月，卓越计划试点班——"毕昇卓越班"举行开班仪式，标志着学校高层次创新人才培养工作进入了更高、更新的发展阶段。

## 二、构建印刷"卓越工程师"创新人才培养模式的有效途径

项目凝练出"素质教育融入印刷文化元素、专业教育融入创新创业元素、工程教育融入企业实践元素"的"三融入"人才培养新理念，以及"服务行业转型升级需求、服务京津冀协同发展需求"的"两服务"人才培养新目标，制定出前瞻性的"卓越工程师"印刷专业方向和培养体系，打造了以"文化引领－综合训练－科学研究－实践创新－企业实习"的"五位一体"的完备创新教育平台及资源，形成了课程内外、专业内外和区域内外等资源共享的教学管理与运行机制。项目通过以下举措，建立了融知识传授、能力培养、素质提高于一体的富有特色的印刷"卓越工程师"创新人才培养模式。

1. 以特色专业建设为基础，以"两个试点"为契机，制定专业面向，更新课程体系，优化知识结构，增强专业自豪感

印刷具有文化与加工制造的双重属性，是文化创意产业的九大组成部分之一和重要技术支撑。我校印刷工程专业是国家级特色专业，项目以特色专业建设为基础，通过政策讲解、行业分析、实地考察和个人职业规划，把印刷文化元素渗入其中，并结合成功案例，做好专业教育，强化对印刷的认同感。在"互联网+"、中国制造 2025 和绿色化浪潮的今天，印刷大有可为，智慧印厂、绿色印刷就在我们眼前。同时，抢抓教育部"卓越工程师教育培养计划"试点和北京市"专业

综合改革试点"机遇，组建毕昇卓越班，深入推进"本科教学质量与教学改革工程"。自 2013 年起，项目团队着重开展了三个北京市教改项目和三个校级重点教改项目，对印刷包装类"卓越工程师"创新人才培养模式的框架、主要内容、实施方法和应用效果进行了深入探索和有效评估，逐步凝练出有利于应用型高级工程技术人才培养的新理念、新模式。

另外，开辟出数印跨媒体、印刷制造和集成化印刷三个专业面向，在课程体系中增加中国文化史、中华印刷、出版概论、艺术概论、3D 打印技术及应用、跨媒体信息传播原理及技术、功能印刷与造型材料、数字交互媒体技术和管理统筹学等多元化课程，专业课程更新面超过 30%，优化了学生的专业知识结构，有利于复合型高级专门人才的培养和"两个服务"的实现。

2. 以"三融入"人才培养理念为核点，打造一流的创新教育平台及资源，促进校企深度合作，提高学生创新意识和工程实践能力

以"三融入"人才培养理念为出发点，把中国印刷博物馆、印刷工程综合训练中心、印刷电子工程技术中心、印刷包装综合创新实践基地、北京雅昌校外人才培养基地等市级或国家级实践教学与创新平台打造成"五位一体"的创新训练体系。项目团队力促企业深度参与学校的实训课程，发挥校企联动效应，提升人才培养模式的工程实践本色。例如，把实践性强的"数字交互媒体技术""色彩管理""印刷工艺"三门课设置成实训课程，校企双方联合制定实训方案，企业主导教学环节和过程考核。项目团队积极主办、承办或组织学生参与行业顶级职业技能大赛或国内外学科竞赛和创新创业活动，强调学研交叉，工学相长，通过赛练结合，在活动中锻炼学生的创新意识，提升学生的工程创新和学以致用能力。同时，项目团队注重引导有特长的学生参加职业技能考评，把其作为培养具备综合素质的创新人才的一个备选环节，做到因需施教、分类培养。经过系统化的实践训练和创新能力培养，学生能快速转变角色，达到岗位要求，并逐步发挥专业优势，就业状况得到改善。

3. 以"两服务"为目标，开展教育教学改革，实施多层次资源共享的教学管理与运行机制，开阔学生的视野，全面提高其综合素质

项目团队扎实开展了北京高校教改项目、校级重点教改项目各三项，重点围绕"卓越工程师""创新创业人才培养"和"工程实践"等主题进行了深入研究。另外，还参与相关北京高校教改项目 3 项，校级重点教改项目 1 项，其中有一个

北京高校教改项目"拔尖创新人才培养模式的探索与实践"也通过北京印刷学院"高水平人才交叉培养计划"的实施，鼓励先行先试，坚持问题导向，探索出"以外培计划为引领，打造双培计划教学共同体"的协同育人新思路，教育教学改革成效显著。

项目团队以跨区域交换生计划以及北京市"外培、双培和实培"等计划，积极开展与国内同类高校（如天津科技大学、杭州电子科技大学等）的学生互派交流学习活动，丰富阅历和外延知识，并与境外高校（如美国鲍尔州立大学等）、境内高校及科研机构（如中国台湾艺术大学、北京交通大学、中科院等）实施双向培养和毕业设计、大学生创新计划等合作指导，拓展外部优势资源，丰富实践创新教学手段，极大拓宽学生视野，提高综合素养。多层次的资源共享体系，使学生有更多的选择性，既能满足行业的现实需要，又能着眼于未来产业升级和京津冀区域协同发展。

# 三、创新人才培养模式的应用与示范效应

本创新人才培养模式在北京印刷学院取得了显著的应用效果，在京津冀区域及行业同类高校也具有良好的推广示范效应。

1. 增强了学生对印刷文化和行业的认同感，其工程实践创新能力、国际化视野及综合素质大幅度提高

近年来，项目团队结合特色专业课程、企业专项训练和暑期社会实践等教学环节，开展师生合作的印刷文化探寻之旅，了解印刷的历史和发展，肩负传承印刷文明的使命与担当。项目团队重视在人才培养过程中对学生思想道德品质的锤炼和引领，学风和班风明显改善。近三年来，2012级、2013级、2014级毕昇卓越班及其团支部先后均获得"北京市先进班集体""北京市先锋杯优秀团支部"，2013级毕昇卓越班获得2015年北京高校"优秀基层组织"，2013级包1班团支部获得2015年全国高校践行社会主义核心价值观"示范团支部"。

学生在近年来举办的全国印刷职业技能大赛、印刷模拟系统全球竞赛、全国大学生包装结构设计、"太阳杯"亚洲标签设计大奖赛、中国"互联网＋"大学生创新创业大赛和"挑战杯"首都大学生课外科技学术作品竞赛等重量级赛事中

成绩斐然。学生获国家级比赛奖32项,省部级比赛奖55项,发表高水平论文25篇,发明专利授权3项。特别是,2014级毕昇卓越班许诚同学先后获得2016年第五届大学生科技作品与专利成果推介会"创新金奖",2016年第五届全国印刷行业职业技能大赛决赛"平版制版工金奖"和"全国最年轻制版技师"、第十七届北京市工业和信息化职业技能竞赛"高级技术能手"等光荣称号。

学生前往美国密歇根州立大学、美国鲍尔州立大学、美国萨福克大学、瑞典林雪平大学等境外高校学习交流,也通过校内的全英文外教课程、双语课程和专业实训课程等举措,较大程度地提升了学生的实践创新能力、国际化视野,综合素质明显改善。

**2. 推进了教学资源、教材和师资建设,教学改革成效显著**

近五年来,印刷工程综合训练中心、印刷包装综合创新实践基地等市级平台相继通过验收或成功获批。《包装印刷技术(第二版)》被评为国家级精品教材(2015),《数字化印前处理原理及技术》被评为北京市级精品教材(2013),《印后加工技术》被评为中国轻工业优秀教材(2014)。

师资队伍综合素质明显提高。目前,印刷专业有专任教师34人,博士学历、高级职称、45岁以下教师均占50%左右。其中,2人获北京市教学名师奖,1人获北京市高创计划领军人才奖,2人获北京市优秀教师称号,2人任ISO-TC130(国际印刷标准化组织)委员,3人获全国新闻出版行业领军人才称号,1人获毕昇印刷杰出成就奖,5人获毕昇奖或森泽信夫奖,1人获全国印刷行业百名科技创新标兵称号,2人获北京市科技新星,6人获国家自然科学青年基金,10人获得印刷职业技能大赛国家级裁判员资质,2人获国际G7认证资质。

**3. 本创新人才培养模式在同类高校具有示范性,在行业和国际上具有影响力**

我国台湾艺术大学、世新大学和英国利兹大学、德国斯图加特大学、莫斯科国立印刷艺术大学和日本千叶大学等国内外高校知名学者前来学校参观指导、交流后,都对本项目和成果给予了很高评价与赞誉。天津科技大学、西安理工大学、上海理工大学、湖南工业大学、曲阜师范大学、齐鲁工业大学等一批国内同类院校的印刷专业的人才培养方案,均不同程度地借鉴了项目研究成果形成的人才培养模式。

自2010年起,依托印刷包装类专业的学术力量,学校与中国印刷科学技术研究院已联合主办了五次"中国印刷与包装学术会议"。项目团队在每次会议上均被邀请就印刷"卓越工程师"创新人才培养模式的构建与实施效果做主题报告，并参与讨论，共同改进。2014 年 11 月，学校组织了"提升专业人才培养质量暨毕昇卓越班培养模式研讨会"，邀请了国家新闻出版广电总局、中国印刷技术协会和北京工业大学、中国石油大学、西安理工大学的有关领导以及企业的代表出席会议，通过学校与协会、其他高校和企业的交流沟通，为创新型实践人才培养模式的推广提供了良好的平台。自 2012 年启动"卓越工程师计划"以来，印刷专业已毕业了三届学生，毕业生就业率接近 100%。世界 500 强企业（如杜邦、艾利丹尼斯等）和中国印包行业百强企业（如深圳裕同、中荣集团、汕头东风和鹤山雅图仕等）大多与我校有密切合作关系，纷纷前来我校参加校园招聘会，对本成果充分认可，毕业生就业前景广阔。

为服务国家"一带一路"倡议，我校于 2015 年成立了"印刷专业国际化课程教学团队"，针对印刷与包装等专业开展"一带一路"国家间的技术、材料与教育合作。把印刷"卓越工程师"创新人才培养模式应用于对外印刷教育领域，扩大了成果的国际影响力。

# 参考文献：

[1] 刘全香, 王玉龙. 以强化工程与创新能力为重点的印刷工程专业人才培养模式改革[J]. 中国印刷与包装研究, 2012(4): 71-75.

[2] 张雷洪, 康祎, 易文娟. 基于校企合作的印刷工程卓越工程师培养的研究[J]. 新闻传播, 2016(12): 49-50.

[3] 黄俊彦, 王晓敏, 邢浩, 等. 校企合作实施"卓越工程师教育培养计划"的探索与思考[J]. 中国印刷与包装研究, 2013(4): 89-93.

[4] 曹从军, 王毅, 刘琳琳. 印刷工程"卓越工程师教育培养计划"的实践与思考[J]. 中国印刷与包装研究, 2012(4): 76-80.

[5] 左晓燕, 邓普君, 秦练, 等. 印刷工程卓越人才企业培养方案的探讨[J]. 科技资讯, 2013(28): 131-133.

[6] 王晓红, 严美芳, 徐敏, 等. 基于卓越工程师培养的印刷创新课程建设[J]. 出版与印刷, 2013(3): 42-43.

[7] 李文育, 徐永建. 面向企业需求的卓越工程师计划印刷实践教学体系的构建与实践[J]. 印刷世界, 2013(3): 53-56.

[8] 左晓燕, 张婉, 张改梅. 高校人才培养新模式下实习就业联动机制建立的研究[J]. 学术论坛, 2015(8): 131-132.

# 第二节　教育教学改革

## 红色印刷出版文化在行业特色型高校思想政治教育中的价值引领和实现路径研究

### ——以北京印刷学院为例①

杨永刚　杨珂　梁炯　张改梅

**摘要：**印刷出版教学和研究力量是北京印刷学院的独特资源，是开展红色印刷出版文化研究的基础。在学校思想政治教育中，引入红色印刷出版文化研究与传承是很有必要的，也是可行的。本文简述了红色印刷出版文化在我校思想政治教育中的价值体现、特色和实现路径。从红色印刷出版文化素材的整理、扎根行业做好文化的宣贯与传承，以及创新印刷出版实践展示资源，引导社会公众的参与互动，整个过程能培养大学生"爱国、爱校、爱专业"的高尚情怀，促进思想政治教育与专业教育的有机融合。

**关键词：**红色印刷出版文化；行业特色型高校；思想政治教育；价值引领；实现路径

# 一、引言

2016 年 12 月，习近平总书记在全国高校思想政治工作会议上发表了重要讲话，为高校在专业教学过程中融入思想政治教育指明了方向。江西省高校强调了红色革命与红色景点对思政教育的重要性，并积极推进红色文化教育进校园、进教材、进课堂；贵州省某高校以网络为载体，提升了红色文化在思政教育中的感染力和实效性；江苏省某高校指出红色文化是价值、思想和成才等起源，并剖析

---

①　资料来源：青年与社会，2019（20）：198-199.

了红色文化在当前高校思想政治教育中存在的问题，提出了改进措施和实施途径。总之，国内部分高校从不同维度、不同层次和不同实现途径研究了红色文化在学生思想政治教育中的价值导向作用。

北京印刷学院是行业特色型高校，印刷工程、编辑出版是学校开设的两大知名专业。印刷、出版是书刊发行传播中两个关联紧密的行业，是"血浓于水"的兄弟。印刷术是我国古代四大发明之一，正式的出版业始自公元 7 世纪我国唐代初期，在雕版印刷术出现之后。近现代印刷与编辑出版工作更是为马克思主义指导中国革命取得胜利，并继续指导中国社会主义建设与改革开放取得更大的成功做出了不可磨灭的贡献，是我党红色革命历史的见证者和实践者。印刷出版工作中所蕴含的思想和文化内涵指导和教育年轻一代要珍惜来之不易的幸福生活，要热爱党，热爱国家，热爱人民，要不畏艰险，勇挑重担，有所为有所不为。在社会主义新时代，红色印刷出版文化必将融入高校学生思想政治教育当中，为学生树立正确的社会主义核心价值观，并为立志成为"四有"青年做好价值引领和指路明灯。

## 二、红色印刷出版文化在我校思想政治教育中的价值体现

中共中央、国务院《关于进一步加强和改进大学生思想政治教育的意见》提出，加强和改进大学生思想政治教育的主要任务之一是要把民族精神教育与以改革创新为核心的时代精神教育结合起来，始终保持艰苦奋斗的作风和昂扬向上的精神状态。这是高校思想政治教育的理论依据，也是国家对我们的要求。红色文化是我国革命发展的历史传承，是社会主义文化的重要组成部分，要在时代转换中丰富其意蕴，对其传承和创新。红色文化能为大学生社会主义理想信念的确立、人格的完善、优良道德品质的培养提供精神滋养，并有助于促进社会主义精神文明建设及社会核心价值体系的构建。如何将思想政治教育有效地和红色文化相结合，切实落实党中央对高校思想政治教育的要求，是每一个高校教育者面临的问题。

北京印刷学院印刷工程、编辑出版两个专业是学校工科专业与文科专业的代表，它们历史悠久，积淀深厚，均是国家级特色专业，在各高校同类专业中均排名第一，在社会上享有广泛的知名度。印刷工程专业还是教育部第二批"卓越工

程师教育培养计划"试点专业、北京市首批 27 个"一流专业"建设单位、教育部 2017 年首批新工科研究与实践项目落地单位；编辑出版专业搭建有国家数字复合出版系统工程实验室、总局新闻出版领域关键技术应用研究与服务综合实验室、中国版权研究中心、中国编辑研究与资料中心和中国期刊研究所，是北京出版产业与文化研究基地。印刷出版文化既有近代印刷术的传入与发展，又有传统印刷业的更替；既有印刷工艺技术之演变，又有印刷设备、器材、科研、教育和出版的共同融合。通过宣扬和传承印刷出版文化，可彰显中国文化的魅力及中国印刷的力量。结合学校自身专业实力和底蕴，从国家京津冀协同发展战略和首都"四个中心"建设的战略目标出发，提出红色印刷出版文化在行业特色型高校思想政治教育中具有价值引领作用，能为我校立足北京、面向行业的办学定位构筑坚实基础，也为学校"传承印刷文明、创新传媒文化"的历史使命培养出更多接班人。

## 三、红色印刷出版文化研究在我校思想政治教育中的独特性

1. 工科与文科相结合，印刷出版强强联手，打造我校思政教育的强大品牌资源

北京印刷学院是工、文、艺、管等多学科并重发展的普通高等学校。以印刷、出版为研究对象，强强联手，正好诠释了学校推进工科与文科相结合的办学特色，也把书刊出版发行业中的上、下游两个重要环节贯穿起来了，促进了跨专业的融合，也为我校打造思政教育的强大品牌资源打下了坚实基础。

2. 红色印刷文化与红色出版文化是相伴相生的，具有共同的基础和目标

公元 7 世纪，中国发明了雕版印刷术，儒家经书印本出现了，正式的出版业也开始出现了，印刷与出版可谓相伴相生。在近代，最早的图书出版社——商务印书馆成立于 1897 年，这个图书出版机构就是同时承担书籍的设计排版、印刷和出版发行的，印刷和出版是不分家的，它植根于中国人民追求民族独立和人民解放的伟大实践中，服务于中国人民反帝、反封建的伟大斗争中，印刷、出版具有共同的基础和奋斗目标。革命的印刷出版工作所凝成的红色文化在新时代的今天，仍是值得广大青年学生传承和发扬的。

# 四、红色印刷出版文化研究在我校思想政治教育中的实现路径

**1. 搜集整理红色印刷出版文化素材，使其深刻融入高校思想政治教育中**

红色印刷出版文化及相关资源是中国特色社会主义文化的重要组成部分，它来源于中国100年前开始的新民主主义革命和中国共产党独立领导中国人民开展反帝、反封建的历史征程中；也来源于老一辈无产阶级革命家领导的中国社会主义探索与建设过程中。组建一支红色印刷出版文化的实践与宣讲队伍，以学生党员和学生兴趣小组为骨干力量，在指导教师的指导下，学生从图书馆的各类电子资源库、纸质版藏书楼或档案馆搜集红色印刷出版历史文献，或者采访红色印刷出版文化的亲历者或相关人员，记录整理成"名人访谈"类的文字材料。以上文献和资料按一定主题编写成红色印刷出版文化的第一手资料，印刷成册。

同时，按照办学定位、人才培养目标的要求，结合培养方案以及新编专业教材的体系架构的需求，精心组织，汲取红色印刷出版文化活的思想和灵魂，阐明重要学术观点，把学术思想、红色印刷出版文化精髓及其思想政治教育的意义凝练升华，写入《印刷概论》《出版概论》等专业教材及补充教材中，融入"大学生思想道德修养"通识课程及相关的专业自信教育课程中，使学生了解我国灿烂的印刷文明和悠久的出版历史，端正学生对印刷出版的认识，清晰地把握印刷出版工作在我国国计民生和国家政治生活中不可或缺的地位，增强文化自信与专业自信，自觉提升服务中国特色社会主义文化建设的能力和水平。

**2. 扎根印刷出版行业，做好红色印刷出版文化的宣贯与传承，服务于中国特色社会主义文化建设的伟大实践**

学校第三次党代会报告提到，要推动学校事业健康快速发展，就必须坚持扎根行业，服务首都发展；就必须坚持内涵发展，特色发展；就必须坚持开放办学。学校今后五年工作思路中的"两个面向""三个特色"和"四大战略"，以及主要工作任务，都是基于以上"三个坚持"而制定的，这是学校决策层在深刻分析我校办学特色，当前所处的新时代以及学校发展所面临的机遇和挑战后作出的重大规划与部署。以思政教育"进教材、进课堂、进头脑"为抓手，把思想政治教育摆在专业教育最显要的位置，不断加强特色教材建设工作，推进教学改革与课

程建设，培养我院学生自觉"爱国、爱校、爱专业"的高尚情怀，传承传播中华印刷文明，为社会主义培养接班人，为行业培养领军人才。

立足印刷出版行业需求，突出新闻出版的意识形态属性和政治功能，以编印好的红色印刷出版资源为基础，开展相关形式多样的宣传活动与实践活动，如主题演讲活动、青春榜样活动、讲座、工作坊、青年走基层等，讲好印刷出版故事，当好红色文化的宣传者和播种机，把党在"十三五"时期及新时代有关印刷出版文化领域的大政方针传送到校园和企业，振奋行业信心，使红色印刷出版文化入脑入心，并扎根于思想及灵魂深处，这对于坚定文化自信，推进社会主义文化繁荣兴盛，建设文化强国有促进作用。

3. 联合中国印刷博物馆，强化文化资源的社会展览展示与公众互动，做悠久印刷出版文化的传承使者

2017 年 3 月 7 日，沈阳市金石小镇诗歌文化主题公园引进东北首个活字印刷术体验基地；3 月 11 日，青岛青报印刷体验馆开馆吸引了一批小学生前来参观；3 月 13 日，西安东郊一家少儿书画学堂举办了一场活字印刷体验课，十几位小朋友身穿汉服体验活字印刷排版，感悟博大精深的中国传统文化；4 月 19 日，北京市教委社会大课堂"传承中华文化 做自信中国人"——2017 年"博物馆之春"启动仪式在中国印刷博物馆举办，小学生们在老师的带领下开展"走近印刷文化""印刷历史与社会文化"课程，体验了小小印刷匠、小小造纸匠实操活动，亲身感受古老印刷术和造纸术的无穷魅力。截至 2019 年 3 月，青岛时光印记活字印刷博物馆，特别公益活动——"让行走的博物馆走进校园"已经顺利将活字印刷搬进几十所学校的课堂，让孩子们了解活字印刷，触摸历史，感受汉字之美。全国各地掀起体验传统印刷术的热潮。以上报道充分说明，社会公众对传统印刷技艺的互动体验，仍抱有浓厚的兴趣，只要创新方式方法，包含技术但超越技术的印刷文化将富有蓬勃的生命力。

中国 1400 年的印刷历史创造了品类繁多、数量巨大的印刷珍品和出版文化作品，它们为中华文明的传承和发展做出了卓越贡献。印刷术承载着悠久与灿烂的中华文化及华夏文明，作为专业院校的青年学生，是红色印刷出版文化的当然传承者，如何在社会公众心中留下印刷出版文化的烙印，是我们当前面临的重要任务和使命担当。一是要创新形式，让依附于传统印刷工艺的印刷文化融入大众生活和学校教育。在学校创新创业实践活动中，要有针对性地创造一些社会公众

（尤其是青少年朋友）喜欢的印刷体验活动，宣传印刷文化典故、弘扬中华优秀文化精神，推动传统印刷文化元素更多地融入公共空间与设施的规划设计，优化社区文化环境，让传统印刷进入现代生活的人文空间。二是要按照时代发展的特点和要求，对印刷出版文化的内涵加以拓展、完善，增强其影响力和感召力，以新形式继承传统印刷出版文化的精神内涵，打造文化创意品牌，创造适应现代生活需求的印刷出版文创产品体系。

# 五、结束语

文化是一个国家的软实力，党中央对推进中国特色社会主义事业提出了"五位一体"的总体布局，并明确要求增强"四个意识"，坚定"四个自信"，把着力加强文化建设与坚定文化自信提高到了前所未有的高度。北京印刷学院带有鲜明的行业属性和意识形态属性，在大学生思想政治教育中，引入红色印刷出版文化研究与传承，能有效促进学生增强专业自信，强化当代青年大学生的历史使命感和勇于担当的精神，为建成富强民主文明和谐美丽的社会主义现代化强国而不懈奋斗。

# 参考文献：

[1] 陈必滔. 福建雕版印刷保护与传承的调查[J]. 政协天地, 2017(10): 26-27.

[2] 樊凡渊. 融合思维激发印刷文化活力[J]. 中国新闻出版广电报, 2018(3): 1.

[3] 萧舟. 践行文化服务转型升级 宣传推广印刷文化历史——访上海映坊文化传播有限公司副总经理徐嘉霏[J]. 印刷杂志, 2017(12): 29-31.

[4] 孙宝林. 印刷文化富有蓬勃生命力[J]. 中国新闻出版广电报, 2017(3): 1.

[5] 陈莹, 龙冬. 重新认知出版文化的概念、特征及其价值[J]. 中国编辑, 2017(11): 26-29.

[6] 周蔚华. 出版: 文化自信的拱心石——一个出版史的视角[J]. 出版发行研究, 2018(1): 5-12.

[7] 张俏.民国时期图书出版文化的推广与传播[J].出版广角,2018(6):78-80.

[8] 王月琴.上海华美书局及其在近代上海出版印刷文化中的作用[J].都市文化研究,2016(8):78-80.

[9] 邹振环.土山湾印书馆与上海印刷出版文化的发展[J].安徽大学学报,2010(5):1-14.

[10] 刘晓君.视觉文化提升高校思想政治教育有效性研究[D].南昌:南昌航空大学,2017.

[11] 范方红.红色文化融入高校思想政治教育的价值与路径[J].学校党建与思想教育,2017(3):73-75.

[12] 汪立夏.红色文化资源在大学生思想政治教育中的价值及实现[J].思想教育研究,2010(7):54-57.

[13] 王芬.红色文化在高校思想政治教育路径探析[J].毛泽东思想研究,2016(11):150-153.

[14] 孙琳.红色文化融入大学生思想政治教育研究[D].武汉:武汉工程大学,2016.

# 面向"一带一路"的印刷工程教育国际化的思考与路径研究

## ——以北京印刷学院为例[①][※]

杨永刚　杨珂　梁炯　张改梅

（北京印刷学院　印刷与包装工程学院　北京　102600）

**摘要：** 新时代呼唤高等教育国际化，实现中华民族伟大复兴的中国梦，更离不开高等教育国际化。坚持"引进来 走出去"的国际化人才培养新模式是开展印刷工程教育国际化的必由之路。本论文以北京印刷学院为例，从五个方面介绍了学校印刷工程教育国际化的现状及工作基础，同时交代了国际化工作所面临的国际环境、技术水平和地区差异等问题。最后，详细阐述了面向"一带一路"的印刷工程教育国际化的实施路径，对于我国地方高校推进高等教育国际化进程具有一定的借鉴意义。

**关键词：** 一带一路；印刷工程教育；国际化；卓越工程师计划

习近平总书记十分重视国际合作，特别是在不同场合发表过对教育国际合作的重要指示。在联合国"教育第一"全球倡议行动一周年纪念活动上，他在视频贺词中指出，中国将加强同世界各国的教育交流，扩大教育对外开放，积极支持发展中国家教育事业发展，同各国人民一道努力，推动人类迈向更加美好的明天。在致国际教育信息化大会的贺信中，他指出，人才决定未来，教育成就梦想。中国愿同世界各国一道，开拓更加广阔的国际交流合作平台。十九大报告明确提出，建设教育强国是中华民族伟大复兴的基础工程，必须把教育事业放在优先位置，

① 资料来源：杨丽珍."服务教学 促进发展"北京印刷学院教师教学发展中心论文集（2018—2019）[M].北京：北京艺术与科学电子出版社，2020。
※ 项目来源：本项目是教育部首批"新工科"研究与实践项目（经费本单位自筹），论文受北京印刷学院教学专项经费资助（项目号：22150118004/002）。

要加快一流大学和一流学科建设，实现高等教育内涵式发展。同时，积极促进"一带一路"国际合作，打造国际合作新平台，构建人类命运共同体。

当前，全球化浪潮势不可当。"一带一路"倡议深入推进、成效显著，体现了共商、共建、共享的全球化发展新趋势。在全球化进程中，教育起着基础与先导作用。中国大学的发展既要扎根中国大地，也要放眼世界，推动高等教育国际化，这是建设一流大学和教育强国的必由之路。

印刷术是我国古代"四大发明"之一，印刷文明历久弥新。在北京印刷学院办学定位中，传承中华悠久印刷文明，创新传媒科技与文化是不变的主题和历史使命。学校印刷工程专业是办学时间最长、积淀最为深厚的本科专业，它开启了中国印刷高等教育办学的先河。目前，我校印刷工程专业是国家级特色专业，教育部"卓越工程师培养计划"试点专业、北京市首批"一流专业"。在新时代下，实现印刷工程高等教育内涵式发展和特色发展，走可持续发展之路，就必须加强印刷工程教育国际化的步伐，坚持"引进来 走出去"的"双极并重，内外双驱"的国际化人才培养新模式。

# 一、我校印刷工程教育国际化的现状及工作基础

为服务国家"一带一路"发展倡议，根据教育部关于《推进共建"一带一路"教育行动》以及《关于做好新时期教育对外开放工作的若干意见》，真正落实"一带一路"教育行动的合作重点、推进教育使命，北京印刷学院领导带队出访了巴基斯坦、俄罗斯、印度、蒙古和尼泊尔等国家，为推进"一带一路"沿线国家与地区在印刷业、印刷包装设备、印刷高等教育等方面的合作奠定了坚实基础。

1. 建立毕昇卓越班，实施卓越工程师人才培养计划

我校印刷工程专业是教育部第二批"卓越工程师教育培养计划"试点专业，2012 年 12 月，学校在印刷与包装工程 2011 级三个本科专业中遴选了 35 人，组建了第一届毕昇卓越班，采用全新的培养方案，开展基于校企合作的工程实践创新教育。截至 2017 年底，已有六届毕昇班，2011 级、2012 级和 2013 级学生已顺利毕业，毕业率 100%。学生经过系统的实践教育与训练，创新创业意识明显提高，工程实践能力快速提升，在就业市场颇受欢迎。

2. 构建了一个具有国际化视野和工程实践能力强、业务水平高的国际化教育机构及团队

自"十二五"以来,学校非常重视印刷人才培养"走出去"和"请进来"的战略,积极行动,于2012年底组建了国际教育学院,在印刷与包装、出版与传播、设计与艺术,以及新媒体等方面开展"一带一路"国家间的技术、材料、装备与教育合作。尤其是印刷工程教育领域,学校于2015年组建了"印刷专业国际化课程教学团队"(2016年校级优秀教学团队),并于2016年就"国际化合作办学模式研究"成功申请了一项校级重点教改项目。截至目前,我校共招收来自印度、巴基斯坦、蒙古、尼泊尔等15个国家的300多名留学生,很好地贯彻了印刷人才培养"请进来"的战略。

3. 筹办印刷孔子学院,为印刷高等教育合作树立了典范,实现印刷包装产业共享

学校提出,要借"一带一路"东风,通过校企合作,利用行业特色优势,建设我国第一个印刷界的孔子学院,实施印刷教育"走出去"的方针,培养国际化印刷专业人才,实现印刷包装产业共享。印刷孔子学院拟设立在巴基斯坦的瓜达尔港,实施"生产线+人"的人才培养计划,它能将产业合作与教育培训有机融合起来,为中国印刷包装企业搭建沟通合作的平台,提高我国印刷包装教育和产业在"一带一路"的国际影响力。

4. 开办印刷新技术培训班,为"一带一路"国家培养国际化的印刷包装高级人才

印度"3D打印及印刷电子"青年技师培训班于2017年5月至8月在学校开班,首批培训班7名成员由全印度印刷联盟(AIFMP)选送,均来自印度印刷企业家族及印度高校的印刷专业教师。从3D打印及印刷电子的有关理论、科研创新和企业实习实践等方面进行了系统和全方面培训,授课老师全英文讲授,配合实操和训练,取得了良好的培训效果。培训过程中,还带领学员赴河北唐山企业实习,了解、参观、考察、调研玉田印机诸多企业的拳头产品,对践行国家"一带一路"倡议起重要的行业推动作用。

5. 举办高峰论坛,推动我校"一带一路"印刷教育国际合作向纵深发展

2017年6月,由北京印刷学院主办的印刷包装设备沿"一带一路""走出去"及印刷孔子学院建设高端论坛在学校举行。"一带一路"国家和地区的印

刷市场空间广阔，在产业合作、对外教育和技术培训方面都大有可为。2017 年 7 月，为响应国家"一带一路"国际合作发展倡议，把握"一带一路"给我国印刷包装行业发展带来的新机遇、新挑战，由北京印刷学院和中国印刷技术协会联合主办的 2017 印刷包装行业"一带一路"国际合作高峰论坛在北京举行，行业协会、学校和企业界代表在一起共商"一带一路"印刷包装国际教育发展大计。

# 二、当前印刷工程教育国际化所面临的问题

拟面向"一带一路"沿线国家和地区，开展印刷工程技术、设备与教育的深度合作，推动印刷工程教育的国际化进程。

1. 目前国际政治环境和国内有关形势仍对"一带一路"倡议带来不利影响

"一带一路"分别指的是丝绸之路经济带和 21 世纪海上丝绸之路。"一带一路"作为中国首倡、高层推动的国家战略，对我国现代化建设和屹立于世界的领导地位具有深远的战略意义。当前，"一带一路"不少沿线国家与地区仍被战争、贫穷与饥饿等问题深深困扰，社会不稳定、贫富分化严重、种族宗教极端冲突等都给项目实施与推进印刷工程教育的国际化带来不确定性和负面影响。同时，国内的就业市场压力大，创新创业配套政策仍需完善，留学生的创业和就业优惠措施需进一步改善。因此，应在国家战略指引下，在有关部门支持下，有序稳妥推进，既要有创新工作思路，又要保障安全和稳定。

2. 项目资源与团队的水平距离全面、全方位开展"一带一路"倡议协作的要求仍显不足

中国既是世界"四大文明古国"之一，又是当今世界最大的、发展最快的新兴经济体，中国与其他文明国家及区域通过"一带一路"串联起来了，但开展全方位的印刷工程国际化合作，需要我们在人才、技术、材料与装备方面均有绝对的优势，以掌握主动。经过改革开放四十年的发展，我国已成长为世界最大的印刷与包装市场，但印刷包装装备水平仍有较大的提升空间，某些材料的质量和加工精度与国外高精尖水平相比仍有差距，"卓越工程师"类的复合应用型人才的数量还无法满足市场的需求。

3. "一带一路"倡议是个巨大而复杂的工程，一方的力量是难以保障服务质量的，也难以有针对性地开展国际合作

"一带一路"沿线有 65 个国家和地区，开展印刷工程产业与教育的国际化合作有着巨大的市场潜力，但也面临诸多的困难。"一带一路"的国家和地区从南到北、从东到西，宗教信仰、语言文化、民俗民风、国民素质和气候地理环境等条件相差很大，要想有针对性地做好技术、装备和教育的输出，需要做大量的资源储备和准备工作，也需要有良好的政策支持，以便分阶段、分层次和分区域地逐步实施项目计划。

# 三、面向"一带一路"的印刷工程教育国际化的实施路径

## 1. 以"双一流"建设为统领，开展一流专业内涵建设，提高印刷工程专业办学实力

当前，我国"双一流"建设正拉开大幕，对于像我校这样的行业特色高校，着重于为行业培养复合应用型人才。项目应以"一流专业"建设为统领，以"思想政治教育与专业综合教育相融合、文化理论课教育与创新创业教育相融合、校内学科基础教育与校外工程实践教育相融合"以及"贴近行业特色需求、贴近京津冀协同发展战略、贴近学生成长目标"的"三融合、三贴近"人才培养新理念为指导，找准专业定位，更新专业办学思路，着力在专业规划、人才培养方案、实践教学资源、课程与特色教材建设、师资队伍建设等方面下大力气，加大投入，提高印刷工程专业办学能力及水平，实现传统工科向新工科的转变。

## 2. 以教育部"卓越工程师教育培养计划"试点为契机，加强校企合作，落实共建联合培养实践创新人才

2012 年，我校印刷工程专业成为教育部第二批"卓越工程师教育培养计划"试点专业，并组建了"毕昇卓越班"。项目应依托市级实践教学平台和市级科研创新平台，打造以"技能训练 - 企业实习 - 科学研究 - 实践创新"层层递进的"四位一体"工程实践教学体系，加强学校与企业、高校和科研院所的合作力度，探索"以联合学科竞赛为抓手，着力提高学生的创新思维；以联合研究项目为抓手，

着力提高学生的科学素养；以联合毕业设计为抓手，着力提高学生的综合能力"的"三联合、三提高"的共建联培实践创新途径。项目团队还应积极主办、承办或组织学生参与行业顶级职业技能大赛或国内外学科竞赛和创新创业活动，注重引导有特长的学生参加职业技能考评，强调学研交叉，工学相长，通过赛练结合，在活动中锻炼学生的创新意识，提升学生的工程创新能力。同时，以北京高校"外培""双培""实培"三大计划为依托，拓展外部优势资源，丰富实践创新教学手段，大力提高人才培养质量和国际化水平。

**3.以我校国际教育学院和印刷孔子学院为办学机构，以项目团队资源为依托，开展学历教育和培训班教学，切实服务"一带一路"建设**

2017年9月，我校国际教育学院共招收来自印度、巴基斯坦、蒙古、尼泊尔等"一带一路"沿线国家的300多名留学生，开展印刷与包装、出版与传播、设计与艺术、新媒体等优势学科的学历教育和短期培训班教育。印刷业是通过提升设备的先进性，在短时间内提高印刷品质量进而获得增长的行业。我国印刷产业在面向海外市场的服务过程中，既要国内人才跟进，也需要培养设备出口对象国当地人才，实现生产线输出与人才培养齐头并进，开创"生产线＋人"的培养模式，服务本地化。因此，我校正积极筹划印刷孔子学院，着重服务于"一带一路"沿线的南亚、西亚和中亚等国家及地区，把我国悠久的印刷文化、前沿印刷科技和现代印刷教育与其共享，达到"双赢"共进，扩大我校在"一带一路"沿线国家和地区的影响力，使我校建设特色鲜明、高水平出版传媒大学更为自信。

**4.以"一带一路"国家人才培养基地项目为引领，全面推进印刷工程国际化教育工作，继续扩大我校特色专业优势和国际影响力**

2017年9月，我校入选北京市"一带一路"国家人才培养基地项目，成为首批30个基地之一，这为深化我校与"一带一路"沿线国家和地区相关机构的教育交流与务实合作，增进双方的相互理解与认知，加速提升我校印刷工程教育国际化水平提供了便捷的途径。我校印刷工程专业连续五年在全国同类院校的相同或相近专业排名中名列前茅，上下游专业（如出版与传播、设计艺术与新媒体）也在全国同类学科或专业中处于领先位置，这有力保障了印刷工程专业资源的聚集和国际品牌的打造。服务国家"一带一路"建设，保障优势特色专业先行，不仅得到全校上下的支持，也将得到北京市的高度认同。

# 参考文献：

[1] 罗学科, 谢丹. "一带一路"背景下高等教育国际化的思考与探索[J]. 北京教育•高教, 2017(12).

[2] 董陶. "一带一路"战略背景下我国高等教育国际化进程的对策探索[J]. 科教文汇, 2017(8).

[3] 白鹭. "一带一路"战略引领高等教育国际化的路径探讨[J]. 新西部, 2015(23).

[4] 鲁洁. "一带一路"战略背景下高校国际化人才培养的思考与实践[J]. 牡丹江教育学院学报, 2018(2).

# 面向"一带一路"的印刷工程教育国际化的实践与成效①

杨永刚¹　徐国庆²　杨丽珍¹

(¹ 北京印刷学院　北京　102600；
² 天津市鹏兴顺印刷有限公司　天津　300112)

**摘要：** 基于"一带一路"国家倡议，推进印刷工程教育国际化是当前和"十四五"时期学校发展的重要方向之一，也是加强中西文化交流互鉴和提升印刷工程人才培养质量的有效途径之一。本文从三个方面介绍了印刷工程教育国际化的实施路径，并总结了该工作的成效与创新点，也陈述了其应用与推广情况，以期为相关专业开展国际化探索与实践提供一些有益的参考。

**关键词：** 一带一路；印刷工程教育；国际化；一流本科专业；毕昇创新人才

## 前言：

我国现代印刷高等教育起步于 20 世纪初清政府设立的京师测绘学堂。新中国成立后，文化出版事业快速发展，急需培养一批出版印刷人才，国家开始派遣留学生前往苏联学习先进印刷技术，为我国印刷高等教育储备师资力量。1978 年，中央工艺美术学院印刷工艺系独立出来，成立了北京印刷学院，我国印刷高等教育开启发展机遇期，人才培养层次逐步提升，培养体系进一步完善。

在"一带一路"倡议深入推进的大背景下，国内各行业高校参与"一带一路"建设、走国际化道路的热情日益高涨。2016 年 7 月，教育部印发《推进共建"一带一路"教育行动》，强调沿线各国应重点开展教育互联互通合作、人才培养培训合作，共建丝路合作机制，建设教育共同体。习近平主席在 2019 年 4 月举办的第二届"一带一路"国际合作高峰论坛上发表主旨演讲。他指出，中国将积

---

①　资料来源：当代教育实践与教学研究，2021（3）：296-298.

极架设不同文明互学互鉴的桥梁，深入开展教育、科学、文化、体育、旅游、卫生、考古等各领域人文合作。可见，开展面向"一带一路"的印刷工程教育国际化研究与实践正逢其时，它创新了印刷教育的新模式，谱写了中外印刷文化交流的新篇章。

作为主要服务于印刷包装和新闻出版领域的行业特色型高校，北京印刷学院几乎与"一带一路"倡议同时期启动了印刷工程教育国际化工作，结合自身办学特色和学科专业资源优势，以点带面，加快高层次国际化人才的培养。学校依托"一流本科专业"建设资源和"卓越工程师教育培养计划"，拟加强与外向型行业优质企业的校企联动，推进与"一带一路"沿线国家及地区高校的国际合作，布局印刷工程国际教育示范点，加快印刷行业国际化人才的培养与输出，加大"一带一路"国家及地区行业留学生学历教育与就地技术培训，进一步夯实印刷工程教育及人才的国际化基础。

# 一、印刷工程教育国际化的实施

1. 响应"双万计划"，加强一流本科专业建设，推进毕昇卓越创新人才培养

印刷工程专业整合优势资源，先后参与北京市、教育部一流本科专业申报建设与综合改革计划，优化专业结构和人才培养机制，专业特色和优势逐步加强。2017 年至 2019 年，印刷工程专业先后获批学校首批"优势专业"、北京市首批重点建设"一流专业"、首批国家级"一流本科专业"建设点。专业以国家级"一流本科专业"建设为契机，坚持需求导向、标准导向和特色导向，以"思想政治教育与专业综合教育相结合、理论课教育与创新创业教育相结合、校内学科基础教育与校外工程实践教育相结合"以及"贴近行业特色需求、贴近京津冀协同发展战略、贴近学生成长目标"的"三结合、三贴近"人才培养新理念为指引，不断加强专业内涵建设，培育一流复合应用型人才。近三年来，印刷工程在专业建设规划、人才培养方案、实践教学资源、课程与特色教材建设、师资队伍建设等方面加大了投入，办学实力显著提升，逐步实现传统工科向新工科的转变。

"卓越工程师教育培养计划"是专业深化校企合作，推进毕昇创新人才培养，形成品牌效应的基础性平台。截至 2020 年，该计划已实施 9 年，每届组建一个"毕

昇卓越班",毕业生达 180 名,迅速成为行业的中坚力量。专业与美国密歇根州立大学、日本千叶大学、瑞典林雪平大学、英国利兹大学和中国台湾艺术大学等开展交换生交流学习项目,并与国内双一流高校、中科院实施毕业设计联合指导的"实培计划"。毕昇班学生还积极参加中国"互联网+"大学生创新创业大赛、"挑战杯"首都大学生课外学术科技作品竞赛和全国大学生印刷科技创新大赛等各类学科实践创新活动,专业综合素养和国际化视野得到提高。为夯实卓越创新人才培养根基,印刷工程专业在学校整体框架下,与深圳裕同包装科技有限公司、南京爱德印刷有限公司、四川汇利实业有限公司、福建南王环保科技股份有限公司等 10 余家企业深化校企合作,共同推进"一带一路"沿线国家和地区的印刷产业布局、技术输出和人才交流等的研究工作。

2. 迎接"一带一路"建设,为我校印刷工程教育带来机遇与挑战

近几年来,随着中国制造业的转型升级和产能输出,我国一些包装印刷业巨头(以裕同、合兴、美盈森、鸿兴为代表)紧跟国家"一带一路"倡议,纷纷在海外(东南亚、非洲等地)建立生产基地,就近为客户提供服务。"一带一路"沿线不少国家及地区发展基础薄弱、产业结构单一、技术教育及培训落后,人力资源素质不高,但人口基数大,发展潜力足,对新技术、新装备的持续需求旺盛。在 "一带一路"背景下,英语基础好、懂印刷领域专业知识与技术的国际性高端人才将供不应求,这也是印刷教育未来的发展方向。

北京印刷学院于 2012 年底组建了国际教育学院,在印刷与包装、出版与传播、设计与艺术以及新媒体技术等方向开展留学生学历教育和技术培训。学校与巴基斯坦最大的大学阿拉玛·伊克拜尔开放大学洽谈在瓜达尔港地区建设印刷孔子学院的事宜,旨在将产业合作与教育培训有机融合起来,提高我国印刷包装教育和产业在"一带一路"中的影响力。学校还与北京金印联国际供应链管理股份有限公司等 11 家企业分别签约,合作共建印刷孔子学院。

裕同科技是我校的合作企业,已先后在东南亚的越南、印度、印度尼西亚等地建立了四家工厂,主要开展电子产品包装盒印刷业务。南京爱德、福建南王和四川汇利也在埃塞俄比亚、马来西亚、印度、巴基斯坦等国家建立分公司,或在当地开拓业务,涉及《圣经》、票证、纸袋、药盒、书刊等印刷品,对印刷类人才有旺盛的需求。但要深入做好印刷工程教育国际化工作,还要继续加强"一带一路"沿线国家与地区的印刷包装产业结构分析和需求调研,做好招生宣传,并

要调整发展思路，扎实推动印刷孔子学院的建设和办学，推进服务本土化。

3."走出去"与"请进来"双管齐下，稳步推进印刷工程教育国际化

经济全球化的今天，我们更需要培养既懂专业知识和管理，又通晓国际标准与事务的"接轨型"人才。专业加大了双语课程的开设力度，并支持教师参与印刷国际标准制定与学术交流。专业有两位教师主持国际 ISO/TC130 印刷技术委员会及印后召集组的标准制定工作，牵头制定了两项印刷国际标准，并有多名毕业生参与国际 ISO/TC130 管理事务性工作。专业以"卓越工程师教育培养计划"为平台，与欧美、日本和我国台湾地区高校的印刷图像类专业广泛合作，每年以"三一"形式（一年、一学期、一假期的时间）开展交换生项目，通过选拔和语言考试，派送学生选学课程、主攻短期研修项目、调研当地印刷产业等，实施"走出去"战略，极大提升学生的学术素养和思维方式，拓展其国际视野。

"请进来"战略分成两种形式：请国外优秀师资来校授课、招收外国留学生来校开展本科学历教育。

近三年来，专业推进全英文授课方式，先后聘请美国加州州立理工大学（California Polytechnic State University）图像传播系的荣晓莺讲授"印刷原理与工艺""印刷专业英语（印刷电子专题）"课程；2018 年起，聘请英国利兹大学（The University of Leeds）设计学院的肖开达教授讲授"颜色科学与技术"课程。

2018 年 9 月，印刷工程专业参与学校国际教育学院留学生培养方案制定，并开展首届 12 名印刷工程本科留学生的培养工作。这些学生全部来自利比里亚、埃塞俄比亚、加纳、贝宁、刚果（布）等非洲国家，享受北京市外国留学生奖学金和北京印刷学院留学生奖学金的学费减免。目前，留学生开始接触印刷工程的专业课程，如"功能印刷材料""色彩管理与应用""数字图像处理""色彩管理课程设计"等，下学期开始，他们将陆续学习印刷科技实践、印刷生产实习等创新实践课程，并深入掌握印刷新技术、新材料等前沿知识。

为广泛而深入地践行"请进来"战略，师资队伍是关键。目前，印刷工程留学生的专业课师资队伍主要来本专业英语表达能力较高且有出国访学经历的骨干教师或年轻博士，但总体来看，师资数量仍不足，结构也不完全合理，专业水平也有待提升。2016 年起，印刷专业组建了国际化课程教学团队，并就"国际化合作办学模式研究"开展了一项校级重点教改项目研究，积累了经验。2018 年 5 月，团队成员何晓辉老师参加在中国计量大学举办的全球首个"一带一路"

标准化教育与研究大学联盟启动仪式，明确了国际化标准人才培养与师资队伍建设目标及途径等。2018年至2019年，印刷工程专业分别派送4位青年博士教师前往美国、加拿大和瑞典的高校开展访学研究，并强化语言能力训练。同时，专业还选送符合条件的教师参加双语能力提升培训班。

作为北京市"一带一路"国家人才培养基地和印刷业界名校，学校积极承办国家双创周系列活动暨"一带一路"国家人才培养对接活动，并与中国印刷博物馆、行业协会和中国印研院媒体等机构保持密切沟通与合作，基于凸版印刷传承与印刷文化互鉴、印刷大数据与云印刷、印刷的新四化（绿色化、数字化、智能化、融合化）等重大命题，开展理论研究和技术攻关，做大做强基地品牌，为深入推进"一带一路"建设做好技术支撑和服务保障工作。

# 二、项目实践效果与创新

## 1. 印刷工程教育国际化实践的效果

（1）印刷工程专业国家级与北京市级一流专业的试点建设及毕昇卓越班的教学实践，凝练了产学研相融合的复合应用型人才培养模式，形成了品牌和示范效应，专业招生、培养、就业一体化前景向好，毕业生升学、就业等竞争力明显增强。专业建设及教学资源标志性成果的获得，为印刷工程实力提升、辐射示范和教育国际化打下了坚实基础。

（2）"走出去""请进来"的印刷工程教育国际化战略在逐渐成型和稳步推进中，促进了企业深度参与人才培养的各个环节，为我国印刷技术与人才的输出、印刷文化的交流以及企业海外市场的拓展提供了有力支撑，逐步培养出一批专业素养高、实践创新能力强、国际视野宽广的优秀毕业生。印刷工程专业毕业生（特别是经过短暂国外交流学习的）前往欧美、澳大利亚和日本继续深造的比例越来越高，专业的本科留学生在校期间也受到了多家企业的持续关注。

（3）印刷工程专业打造了印刷文明传承体验中心、Letterpress活版印工坊等创客空间，使中国传统雕版技艺、活字印刷术与西方凸版印刷术在这里碰撞融合，吸引了一批本科生和留学生前来参与实践创新活动，实现了中西文化的互鉴与交流。

（4）印刷工程专业与学校国际教育学院通力合作，落实"请进来"战略之留学生教育。双方协作制定了留学生培养方案和课程体系，打造了一支能开展全英文教学的师资团队，有序推进了留学生的本科教学工作。依托校企合作企业的海内外生产基地，逐步形成了留学生培养、实习、就业联动机制，促进了"一带一路"国家印刷高端人才培养和中华印刷文明的传承传播等。

2. 项目的特色与创新

（1）以"一带一路""印刷文明""工程教育""国际化"等关键词为核心，开展印刷工程教育国际化的研究，是古往与当今、中国与西方、文明与科技、文化与教育等多层次、多角度的交叉融合，这是一大特色。

（2）以聘请境外优秀师资来校开展印刷工程本科全英文课程教学、国内师生前往欧美日等发达国家交流学习为两个对比模式，着力提升学生的国际视野和国际化交流能力；以我校国际教育学院培养来华留学生、印刷孔子学院和合作企业海外生产基地培养培训境外学生及技术人员为两个支点，以"一带一路"为主链，为境外学生开展印刷工程教育与技术输出，推进文化互补与人才交流等。

# 三、项目成果的应用与推广

1. 在2017印刷包装行业"一带一路"国际合作高峰论坛上，中宣部会同国家新闻出版广电总局提出了"丝路书香工程"，旨在提升"一带一路"沿线国家和地区出版印刷从业人员的技术和管理水平，并为我国印刷及设备、器材企业和产品走向海外市场做好人才铺垫。学校作为重要的参与方，提出在人才培养方面，要通过"生产线＋人"的方式，实现向"一带一路"国家和地区设备、人才等资源的输出。在2018年中国印刷业创新大会上，学校积极宣传基于国家"一带一路"政策的开放办学和留学生教育，通过国际化、专业化人才的培养与交流，力促中华印刷出版文化发扬光大。

2. 在2017年的北京市"一带一路"国家人才培养基地项目院校交流会上，学校开发的校本特色英语课程——《中国文化》系列课程（含"Chinese Printing-A Window to Chinese Culture"），为服务"一带一路"国家倡议，培养知华、友华的宽口径复合型人才提供了优秀的教育教学平台。印刷工程专业教学团队先后参加了第二届至第四届全国高校印刷工程专业院长 / 系主任论坛。各高校就一流专业建设、"新工科"背景下印刷工程本科教育创新人才培养、印刷教育国际化等进行探讨。我校代表分享了一流专业建设实践、留学生培养对印刷工程教育国际化的促进作用等，相关做法和机制得到与会专家的肯定。

3. 在 2019 年第 10 届中国印刷与包装学术年会暨科技融合创新发展论坛上，我校分享了印刷国际标准研究、印刷的绿色化与智能化、印刷工程教育国际化等方面的成果，并与西安理工大学、安徽新闻出版职业技术学院、上海出版印刷高等专科学校的中外学历教育项目、交换生项目等进行深入交流，他们对我校专业的留学生培养与印刷文化交流高度赞赏，认为是坚定"文化自信"的务实举措。

4. "卓越工程师教育培养计划"之毕昇卓越班的育人机制与成果受到美国德雷塞尔大学、英国利兹大学、瑞典林雪平大学等的认可，已分批接受我专业师生前去学习交流，并适时来我校交流互访。我校合作企业也专门来校举办招聘宣讲会，既吸引毕昇卓越班学生，又期待非洲留学生在未来就业中能在其海外分公司发挥桥梁和纽带作用。

# 参考文献

[1] 罗学科, 谢丹. "一带一路"背景下高等教育国际化的思考与探索[J]. 北京教育·高教, 2017(12): 14-17.

[2] 董陶. "一带一路"战略背景下我国高等教育国际化进程的对策研究[J]. 科教文汇, 2017(8): 120-121.

[3] 白鹭. "一带一路"战略引领高等教育国际化的路径探讨[J]. 新西部, 2015(23): 121-125.

[4] 向汉江, 郑全新. 新工科背景下地方高校印刷工程专业实践教育"643"运行模式的研究与实践[J]. 轻工科技, 2020(2): 157-159.

[5] 罗学科. 我国印刷教育、印刷人才培养的发展与展望[J]. 印刷工业, 2019(5): 38-39.

[6] 李刚, 孙丽莎, 阎军, 等. 面向"一带一路"的工程教育国际化新体系研究与实践[J]. 力学与实践, 2020(4): 470-474.

[7] 陈威, 殷传涛. 新时期工程教育国际化培养模式实践与思考[J]. 教育现代化, 2020(42): 187-190.

[8] 邱微, 南军, 崔崇威, 等. 面向未来的工程教育国际化探讨[J]. 科技资讯, 2019(36): 221-223.

# 印刷工程专业虚拟仿真实践教学的
# 应用与改革①

杨永刚　刘江浩　王华明

（北京印刷学院　北京　102600）

**摘要：**虚拟仿真技术已逐渐在印刷工程专业实践教学中得到应用。本论文首先交代了当前印刷工程专业实践教学的现状及不足，指出了虚拟仿真实践教学的优越性，接着重点阐述了 SHOTS 印刷模拟软件的工作原理及三大特点，并简要介绍了胶印生产线虚拟仿真软件等其他虚拟仿真系统的工作模式及优点，对它们在实践教学的应用进行了概述，最后给出了印刷工程专业虚拟仿真实践教学的三条改革措施，指明了发展方向。

**关键词：**印刷工程；虚拟仿真技术；实践教学；印刷模拟软件；教学资源库

近年来，随着计算机技术、网络技术和信息技术的快速发展，虚拟仿真技术大规模进入实验教学已是必然趋势，并孕育出虚拟仿真实践教学，它将企业化的实体设备与虚拟教学环境有机结合，发挥各自的优势，从而有效地提升学生的理论知识和实践技能。当前，印刷产业正在经历一场以数字和网络技术为核心的技术革命，产业技术基础正从物理媒体向数字媒体、模拟流程向数字流程的转变。数字时代的现代印刷业已呈现出数字化、信息化和智能化的技术特征。采用虚拟仿真技术开发的模拟印刷系统，或者说虚拟仿真实验，是借助于三维仿真技术模拟出来的真实实验环境，让学生在虚拟的三维环境下进行实验和实训练习，使用信息网络技术对用户进行实验和实训的数据进行采集，再通过虚拟仿真实验教学管理平台进行实验课程安排和实验效果的考查，结合学生的实践实习，可以为学生在印刷专业实习中印刷机操作模块提供一定的辅助作用。该仿真系统帮助学生

---

①　资料来源：科教导刊（电子版），2021（6）：121-122.

深入了解印刷完整的工艺流程、印刷设备的结构功能，掌握各控制平台操控要点，印刷工艺参数的调节对印刷质量的影响，实际印刷生产故障的分析与解决。虚拟仿真实验教学以"虚"代"实"，能实现现实实验条件不具备或难以实践操作的教学环节，能节省实验项目开设费用，并具有互动性、自主性、扩展性及共享性等特点，是数字时代印刷工程教学的必然要求。

# 一、印刷工程专业实践教学的现状

印刷行业是一个专业性、实践性、技能型要求高的领域，用人单位希望高校毕业生不仅具备扎实的理论基础，更看重学生的工程实践能力，因此，对于以培养高层次应用型人才为主的本科院校来说，实践教学环节尤为重要，它促使学生把理论知识与实践技能结合起来，解决实际问题，加快技术创新与产品开发。然而，由于受到高校发展定位、教学经费、实训场地等因素的影响，在实际实践教学中仍存在诸多问题。

（1）开设印刷工程专业的高校缺少"双师型"教师，其专业教师虽理论知识较丰富，但大多没有企业一线工作经验，工程实践能力普遍不足，这使得培养学生的工程意识与实践技能存在很大困难。

（2）印刷、印后加工设备复杂多样，占地面积大，购置具备完整功能的实验设备需要投入大量的资金，硬件、维修场地的要求较高，高校难以持续提供相应的实践教学资金和场地支持；现有教学设备数量少，且型号陈旧、功能简单，实践教学环境与条件跟实际印刷相比，有较大差距，导致学校实践教学与企业生产相脱节。

（3）实践教学成本偏高，存在较大的安全隐患。虽然目前一些高校印刷工程专业配备了先进的印刷及印后加工机械，但由于设备昂贵，台（套）数不足，无法满足学生实际动手操作的需求，导致相关的实践教学以教学演示为主；由于实验过程中油墨、版材、纸张以及其他耗材成本开销较大，实践教学成本偏高，部分实践教学流于形式，学生得不到有效的训练；印刷设备的飞速运转不仅带来学生的人身安全隐患，也客观存在环境污染问题。

## 二、虚拟仿真实践教学的优越性

（1）虚拟仿真实践教学利用虚拟仿真技术、多媒体技术、网络通信和人机交互等技术对印刷机实际生产和印刷故障进行全方位的仿真模拟，学生能够模拟扮演印刷机长的角色进行技能训练，全身心地投入到实际"印刷"环境中去，学生的工程实践技能必将得到提升。

（2）由于虚拟仿真实践教学内容可以随时随地根据印刷行业新技术、新业态、新模式和新产业的发展对印刷生产设备及场景进行及时更新，实践教学内容跟实际印刷生产相一致，能在很大程度上弥补教学客观条件存在的不足，为学生提供近似真实的实践教学环境。学生在没有进入企业之前就可以在逼真的实训环境下操作和训练，其解决实际问题的能力将显著提升。

（3）课堂内外、线上线下，学生可随时对虚拟仿真系统进行操作，打破了实际上机教学的时间和空间限制，学生通过不断试错的方式来提升实际操作和设备故障分析解决能力，不必要考虑实际错误操作所带来的教学成本和设备损耗成本，延伸了实践教学的时间和空间，满足每个学生对印刷生产不同层次和不同要求的实践操作需求，进而提升实践教学的教学质量和效果。

（4）在虚拟仿真教学环境中，通过计算机屏幕模拟代替传统的印刷设备，避免了学生直接参与印刷生产时因流程不熟悉或方法不得当而造成的设备损坏、耗材浪费等现象，严重时可能出现的人身伤害等重大安全事故，提高了实践教学的安全性。同时，老师可以根据学生在实际仿真模拟系统中出现的问题进行及时查看，及时反馈学生最新的学习动态，有利于实践教学案例分析。

## 三、虚拟仿真教学在印刷工程专业实践教学中的应用

印刷工程专业的虚拟仿真实践教学之一是选择法国 Sinapse 公司的 SHOTS 作为印刷模拟器（印刷模拟软件），该模拟软件（系统）功能非常强大，它全程模拟德国曼罗兰（Man Roland 700）印刷机或最新的海德堡（Heidelberg）印刷机（六色印刷＋上光），通过软件的形式对真实印刷机生产中的故障以及错误进行了模拟再现。该系统构建了从输纸、印刷、收纸等六色印刷和上光模拟等整个

流程，其中包括了印版、橡皮布、油墨、润版液、纸张等一系列模块，可以实时观测到各个模块。通过该系统，操作者可以直观地感受到印刷机，仿佛在操作真实的印刷机。该模拟系统的原理就是通过犯错来学习，只不过是在模拟系统而非印刷机上犯错。因此，其最大特点就是允许学员通过不断试错来学习实际操作和故障分析与排除，通过软件可以直观感受印刷机的运行和故障的处理方法。与实际印刷相比，SHOTS印刷模拟系统不会产生纸张、油墨的损耗以及印刷机的损耗与折旧。由于不需要实际上机而只需要在计算机上操作，因此受训操作人员的安全也得到了保证。

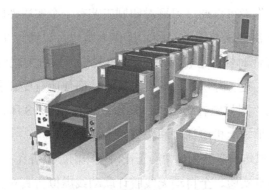

SHOTS印刷模拟软件的印刷大厅

　　SHOTS印刷模拟软件有三大亮点。其一，对于印刷技术的学习和提升，故障诊断无疑是一个很好的工具。在实际印刷中，工人师傅对故障的诊断一般都是根据自己的实际经验来的，但这些经验的积累需要多年的机台操作经历才能总结出来，并且个人的实际经验不可能很全面，而SHOTS印刷模拟系统给我们提供了一个捷径，它集合了欧洲各国印刷专家的实际经验，将600多种印刷故障产生的原因一一列举出来，从这些原因中就可以轻松地找到解决方案并留下深刻的印象，以便受训人员在以后的实际印刷操作中即使没有遇到类似故障也能轻松排除。其二，对印刷时间成本以及印刷费用的模拟也是一个亮点，它类似于印刷ERP管理系统，操作人员可以通过这一模块了解到自己在解决实际问题时所需要的时间和费用。在模拟软件中，纸张、油墨、印版、润版液和橡皮布、胶辊等部件的更换和材料的消耗都有相应的费用。只要预先设计好单位数量损耗值，模拟软件就会在使用者的操作过程中自动计算好消耗的成本。同时，对应于每一步的操作，SHOTS中都有其对应的在实际操作中所消耗的时间。通过这一功能，操作者可以基本测试出自己在解决实际印刷故障时消耗的时间成本和费用，从而对自身能力做出初步评估。更重要的是可以通过一系列操作找到一个最佳的操作方案，使印刷的实际效益达到最大化。其三，SHOTS 印刷模拟系统还可以模拟实际印刷中的微小变化，类似这种某个参数的微小变动都可能导致印刷品质量出现较大差异，而 SHOTS 则可以模拟出参数变动时的样张变化情况。操作者可以很直观地观察到每一个参数对印刷过程的影响，从而对印刷工艺有一个更加深入的了解。

SHOTS 培训中有标准模式和练习模式，系统包括了 300 多道实践练习题，其中包括约 200 道 GATF 标准的胶印印刷工艺培训和考试题，另外还有各种其他标准的练习题。操作者可以通过习题对印刷工艺有一个实质性的了解，并通过不断练习逐渐累积解决印刷故障的经验。操作人员也可以通过 Trainer 模块自己编辑习题，并进行有针对性的考核。SHOTS 印刷模拟系统的优势在于可针对受训者不同的专业程度，进行分层次的难度设置，从而使所有受训者得到最适合自己的培训，真正做到"因材施教"。上机操作前先在 SHOTS 印刷模拟系统上充分练习，就可以大大缩短上机培训时间，节约培训成本。

部分高校的虚拟仿真实验教学中心正在研发印刷虚拟仿真实验教学管理系统、印刷生产线虚拟仿真实验、全自动无线胶订联动线虚拟仿真实验。印刷生产线虚拟仿真实验项目将陆续涵盖平版胶印机、柔性版印刷机、凹版印刷机、全自动无线胶订机、全自动骑马订机等操作的全工艺流程，主要为印刷工程、包装工程等相关专业学生的"印刷专业实习""印刷工艺实习"等实践课程提供虚拟仿真实践教学工作。学生可以在进入印刷工厂实习期间，使用计算机通过本地或网络学习在虚拟仿真环境中如何操作印刷机、装订设备以及印后加工设备。虚拟仿真实验具有学习和考核两种不同的模式，学生通过多次学习后最终完成一个印刷任务的考核。为了更好地达到教学目标，可以采用项目与任务的教学设计。每个项目分别进行知识点讲解、虚拟印刷操作练习和实体印刷实训操作练习的"循环式"循序渐进的教学方式，使同学们在学习过程中将理论知识迅速贯穿到实践中，从而将虚拟印刷操作用于指导实体印刷设备的操作，使得知识点相互贯通，以提高学习兴趣，改善教学效果。通过虚拟和实操相结合的学习方法，解决了大型实验中会出现的安全问题，成本问题以及设备台（套）数少的问题，并解决了大型实验开展高速动态过程不利于监测和展示的弊端，虚拟仿真实验全面提高了学生创新精神和实践能力。

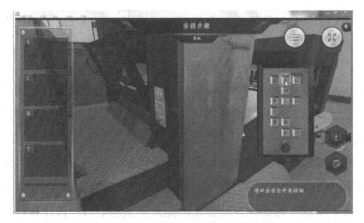

**胶印生产线虚拟仿真系统及操作界面**

# 四、虚拟仿真实践教学的改革措施

**1. 建立教学引导—仿真模拟—实际操作闭环机制**

每一个实训项目的教学都离不开理论知识点的讲解与指导，教师要根据印刷工程专业人才培养的目标和要求，先通过印刷理论知识、印刷流程及印刷故障教学案例对学生进行教学引导，让其对印刷理论、设备操作规程及印刷故障有一种清晰的了解和认知；然后通过虚拟仿真系统进行仿真模拟操作，让学生能够熟练地掌握印刷设备操作规程和分析解决印刷故障；最后，通过实际的印刷设备操作验证，熟练操作印刷设备并能尽可能地解决实际印刷生产中出现的各种印刷故障。

**2. 建立虚拟仿真教学案例资源库**

结合学生学习情况，建立满足不同层次与需求、不同印刷质量与关联故障的虚拟仿真教学资源库。根据教学内容和实际印刷设备，可将虚拟仿真实践教学内容分为三大部分，其一是基础部分，即印刷流程部分，主要讲解与呈现常用印刷设备操作及各个部件之间的衔接情况，熟练掌握各个部件的性能及印刷参数，帮助学生巩固理论知识；其二是印刷样张检验部分，主要讲解与训练学生通过密度计、分光光度计、光泽度仪、白度仪、平滑度仪等仪器设备工作原理及检测方法，巩固学生在实际课程实验中对纸张及印品性能测试的掌握程度；其三是印刷故障分析与排除部分，主要讲解与训练实际印刷过程中不同印刷故障产生的原因及排除方法，如按照引起不同印刷质量事故的原因分为工艺故障、材料故障和机械故障几大类。

3. 线上、线下相结合的教学模式

传统的实践教学多采用指导教师面对面的方式进行上机操作，因学生多、设备数量少，且因安全教学的要求使得训练内容不深入，导致学生对印刷机设备构造与操作规范流程掌握不够，对印刷故障的诊断与原因分析不到位。如果在线下，根据虚拟仿真系统制作虚拟仿真教学案例与多媒体课件，在理论课和实践课时给学生进行讲解和分析。通过线上教学，学生可以通过相应的学习平台查看上课资料，并开展线上交流、讨论和互动答疑，提升学生的学习积极性和自主性。

# 五、总结

本文将虚拟仿真教学引入印刷工程专业应用型人才培养的实践教学中，把复杂抽象的或难以实验完成的印刷现象及过程、生产场景通过多维可视化、动态交互的形式生动形象地呈现在学生面前，学生通过不断试错，反复参与印刷模拟训练，激发了其学习积极性和自主性，增强了其创新思维，学习效果大大提高。该方式以学生为中心，重视学生的体验感与参与度，重视学生理论与实践相结合能力的培养，能促进应用型人才的培养，提升学生未来职场就业的竞争力。

# 参考文献

[1] 吴光远, 李效周, 王鑫. 新工科背景下印刷工程专业虚拟仿真教学的实践探索[J]. 教育现代化, 2018(6): 173-175.

[2] 刘悦, 唐万有. 浅析虚拟仿真技术在印刷教学中的应用[J]. 今日印刷, 2011(5): 71-73.

[3] 吴光远, 林茂海, 李效周. 虚拟仿真教学在新工科专业人才培养中的实践教学研究 ——以印刷工程专业为例[J]. 教育现代化, 2019(26): 138-140.

[4] 张正健, 赵秀萍, 陈蕴智, 等. 构建虚拟仿真实验教学平台 培养创新应用型人才[J]. 印刷杂志, 2014(3): 59-61.

[5] 张传香, 李蔚, 朱新连, 等. 虚拟仿真系统在印刷工程专业实践教学改革中的应用研究[J]. 湖南包装, 2017(12): 137-139.

[6] 万正刚. 虚实融合的实训教学在高职印刷媒体技术专业中的应用与实践[J]. 广东印刷, 2019(1): 45-47.

[7] 李光, 宋海燕, 孙彬青, 等. 包装工程国家级虚拟仿真实验教学中心的建设与实践[J]. 包装工程, 2019(12): 47-51.

[8] 王建华, 符晗, 孙志伟. 新工科背景下包装设计虚拟仿真实践教学与创新平台的构建[J]. 湖南包装, 2018(2): 114-117.

# "以赛促学、以赛促练"，在职业大赛中快速提升学生的印前制版技能

## ——以北京市印刷行业职业技能大赛平版制版工种为例[①]

贾新苗　金杨　杨永刚　施亚梅

（北京印刷学院　印刷与包装工程学院　北京　102600）

**摘要：**北京市印刷协会承办了第 19 届北京市印刷行业职业技能大赛。本次赛事以提高印刷技能为主，凸显了比赛的规模与内涵，大赛已成为选手交流技术、展示技能的重要平台，为促进行业发展发挥了重要作用。学校确立赛教融合的理念，积极构建实践教学模式，技能比赛与教学相辅相成，全面培养高技术型技能人才。本文从"以赛促学、以赛促练"方面出发，以平版制版工种为例，介绍比赛对理论课程的促进、学生动手实践能力的提升等，还对参赛的意义和技巧等进行了详细论述。

**关键词：**以赛促学；以赛促练；印前制作；比赛技巧；专业技能提升

## 一、"以赛促学、以赛促练"是理论课程教学的延伸

"以赛促学"对于进一步深化与巩固理论课程教学，提升专业课程教学质量有很重要的意义。组织学生积极参与各类比赛，使学生加深对所学知识的理解，提升实践动手能力，对相关课程能做到融会贯通。通过大赛，可以了解印刷行业相关岗位的技能需求，进一步明确了学习目标，为将来就业打下良好基础。通过大赛做到"学有所用，学以致用"，提高学生对整个专业的学习热情。同时，以技能大赛为载体，在学习理论课程的同时，很好地实现赛练相结合，达到"以赛促学、以赛促练"的目标。

---

① 资料来源：科技导刊（电子版），2021（18）：195-196.

## 二、"以赛促学、以赛促练"强化了实践教学改革

"以赛促学、以赛促练",可在比赛中快速提升学生对专业技能的掌握程度,将教学目标与社会岗位需求有机结合,即通过积极让学生参加职业技能大赛,检验课堂教学的质量,将理论知识很好地运用到实践中去,以大赛的途径和方式全面激发学生对行业的兴趣,更好地了解印刷行业市场状况,提升学生的综合素质。同时,大赛也能提高学生动手实践能力以及对于印前专业软件的熟练使用程度,为就业打下良好的基础。以大赛形式的锻炼为载体,使实践教学不再拘泥于校内或课本上,而是来源于实际生产需要,推动了传统教学方法的创新,理论联系实际,将课本上学到的知识运用到实践中去,提高生产效能,保障印刷质量。

## 三、"以赛促学、以赛促练"对教学的促进作用

如果想让学生在大赛中获得好的成绩,那么就要改变原有的教学方式,积极探索更多的方法和参赛技巧,找到更有效的训练方法。以大赛为载体,以大赛为导向,将教学与大赛实操练习进行很好的结合,激发学生参赛热情,调动学生的主观能动性,让学生在比赛的压力中快速地学习新技术、新技能,熟练掌握所学知识,按照比赛要求进行强化训练,以大赛为契机,促进学生主动思考,教师及时找到学生的兴趣爱好,短期内达到快速提升的目的。

## 四、以大赛为契机激发学生独立思考的能力

通过让学生更好地了解专业知识,了解行业动态,教师根据学生的兴趣以及学生动手操作的能力,选择学生喜欢的比赛活动。在备战大赛的压力下,激发学生的激情以及参与竞争,拥有不服输的精神,让学生在较好的环境中不断提升。同时,教师赋予比赛更深远的价值,用比赛的方式和手段不断让学生学会探索新的知识,不断让学生有创新的意识,促进学生向高层次方向发展,不能为了比赛而比赛,也不能光看最后的比赛成绩,学生的备战过程同样也很重要。

## 五、"以赛促学、以赛促练"将课上知识融会贯通到课下

课堂教学很重要，是理论知识的主阵地。在重视课堂教学的前提下，课下的实践机会也不能忽视。传统课堂教学内容比较乏味、方法相对陈旧、学时较少，这使得理论知识得不到更好的实践，学生动手实操能力较弱，必须引入实践相关的竞赛等创新内容，打造教学与实践一体的体系。教师积极引导学生有竞争的意识，鼓励学生多参加各类比赛，激发学生对专业知识的探索欲，加深对行业的了解。对于有难度的问题，教师要及时给学生鼓励，通过参赛，让学生形成自主查阅资料、自己解决问题的能力，在突出学生主体作用的同时，督促学生多练、多试、多学，以提高学生的学习主动性，在比赛的压力下，快速成长起来。

## 六、比赛题目的分析

本次北京市印刷行业平版制版工种决赛的比赛内容是仿排一本期刊。选手在答题之前一定要认真阅读实际操作试题的要求，重点的地方用笔做上标记，通过这个要求我们在脑海中要有以下几个重要概念：

一是制作内容是仿排，不是自己设计；二是封面有专色和烫金；三是开本尺寸；四是装订方式；五是图像有偏色图；六是需嵌入 ICC 特性文件；七是需拼大版；八是只上交 3 个 PDF 文件。这八点要求很重要，在开始制作的时候就要牢记这八点要求。在封面特殊工艺制作的时候，印刷专印的专色部分需要设置叠印描边，以防出现漏白的现象。同样，在做烫金版的时候需要单独制作专色。在制作封面上需要烫金的文字时，注意要设置叠印，以保证烫金文字下面的图案是完整的，而不是套印，以防止因套印不准而出现漏白的现象。

内页制作内容有图文混排、图形绘制等。首先我们要清楚各个部分的分值占比。在这次比赛中，一共有三部分的分值，一是图像调色分值 30 分；二是排版分值 40 分；三是拼大版分值 30 分，各部分占比情况是 3：4：3。可见每部分分值都占有很高的比例，所以要保证每部分都要做，不要因为某个细节花费很长

时间，而导致其他部分没有时间去做。在这三部分中，拼大版的分值最好得分，这部分中最关键的是根据工艺单的要求做出正确的折手，所以一定要留出至少30 分钟的时间进行拼大版。其次好拿分的就是图像调图部分。最后是排版，排版共需要排 36p 的页面，保证每个页面上都有对应的元素，最好不要有白页。

# 七、参赛应试技巧解析

### 1. 调整图像颜色，按页码重新命名图像

先在 Photoshop 中将图片全部打开，因为图片比较多，所以后期排版找图是比较耗费时间的。在这个时候可以先对图像进行调图，嵌入 ICC 特性文件，然后再转成 CMYK 模式。调图完成后将图像重新进行命名，图像出现在哪个页面上，以 P＋页码命名，这样在后期排版的时候就很快能找到页面上所需的图像了。

### 2. 利用 Photoshop 的批处理功能处理图像

如果需要处理的图像数量较多，那么我们可以用动作面板录制动作，应用 Photoshop 的批处理功能自动处理图像。首先将一张图像打开，对照样书进行调色，嵌入 ICC 特性文件，转换 CMYK 模式，然后进行批处理的设置。在调色的动作步骤中，打开"切换对话开 / 关"，在每次打开图调色的步骤中停止，手动调色后再继续。同理，在存储的步骤中停止，重新命名后再继续，这样在操作调图时，速度就会快很多。

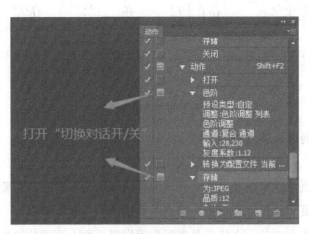

动作对话设置

**3. 内页制作技巧**

调图、重新命名完成之后，开始进行排版。此时，不要急于排版，先把整本样书看一下，太复杂、耗费时间长的较难排的页面放在最后排，先排简单的页面。文档大小设置好后，就可以开始内页的排版了。用尺子测量版心的大小，这个步骤非常关键，一旦量错了，那么制作的页面元素的大小就都受影响了。接下来，再量标题，正文字号的大小，其他的图像、图形按照样书尺寸制作就可以了。把调好颜色、重新命名的图像按照页码先置入每个页面中，将每个页面用到的文字分别拷贝到各个页面中，然后排版。如果多个页面都具有相同的元素，那么就可以设置主版页面，相同的元素就不需要一页一页地重复去做，以节省时间。还可以建立段落样式，它可以让排版的速度更快，以达到高效排版的目的，为比赛赢得宝贵的时间。

**4. 造字的方法和技巧**

在造字之前，一定要先设置好所使用的字体、字号，分别找出带左、右部分的文字，去掉多余的部分再将两部分组合到一起时，间距比例要正确。拼好字后，执行剪切命令，然后选择文字 T 工具在文本框中进行粘贴，这样造的汉字就能够随着文本进行移动了。

需要拼的字：鮟

鲜按　　　鲜按　　　鱼 安　　　鮟

分别输入带左半部分和　创建轮廓　　用直接选择工具　用直接选择工具进行
右半部分的汉字　　　　　　　　　去掉多余的部分　移动，将两部分组合
　　　　　　　　　　　　　　　　　　　　　　　　在一起

**造字的方法和流程**

**5. 拼大版的方法和技巧**

在拼大版之前要读懂工艺单要求，制作折手、标好页码位置。题目要求对开印刷、四开折页，意思是要建立对开尺寸的拼版页面，对开印完要从中间切开一刀，切成四开页面时再进行折页。这两个关键的信息非常重要，一个信息是告诉选手拼版的开本大小，一个信息是告诉选手拼版页面上页码的排列顺序，所以读

懂这两个要求很重要。很多选手没有注意到四开折页，以至于页码顺序错误，造成拼版这部分的成绩失分过多，所以读懂制版工艺单要求很重要。

## 八、总结与未来展望

在新工科背景下，"以赛促学、以赛促练"是对课程教学的一次有益尝试。鼓励学生积极参与到各类比赛中，通过大赛进一步提升参赛学生的专业技能水平，在比赛中快速地提升，更好地发挥职业技能大赛对技能和专业知识掌握的促进作用。通过比赛培养学生的竞争意识，为学生提供学习专业知识的兴趣，让选手有激情和动力，真正地学起来、动起来、练起来，更好地适应当今社会发展的需要，为印刷行业选拔和培养一批更优秀的高精尖技能工匠人才，为企业创造最大的效益，为国家培育更有用的人才。大赛既是对学生学习的一种检验，又是对教师教学水平的一种验证。我们将以本次大赛为起点，建立和完善提升职业技能的机制，加强对学生专业技能的培训与提升工作，为将来印刷行业的发展做出卓越的贡献。

## 参考文献

[1] 肖文婧. 以赛促学在技工院校平面设计计算机软件课程中的运用[J]. 无线互联科技, 2020(5): 77-78.

[2] 李文静. 探索高校视觉传达设计专业"以赛促学, 赛教融合"的教学模式[J]. 科技创新导报, 2020(7): 197-198.

[3] 范丽娟. 高职印刷类专业"课赛融合"教学的探讨[J]. 广东印刷, 2017(6): 55-56.

[4] 曹国荣, 田振华. InDesign CS6 数字化版面设计(设计+制作+印刷+商业模版)(第2版)[M]. 北京: 人民邮电出版社, 2015.

# 第三节　实践平台建设

## 印刷工程综合训练中心的建设实践与成效 ① ※

杨永刚　张改梅　左晓燕

（北京印刷学院　印刷与包装工程学院　北京　102600）

**摘要：** 北京印刷学院印刷工程综合训练中心是北京市实验教学示范中心立项建设项目。为了说明中心软硬件环境建设效果和示范辐射性，本文着重从政策与举措、环境与队伍建设、信息化平台建设与利用、建设成效与示范性四个方面阐述了中心的建设实践过程和最终取得的成绩，并指出在 2014 年底，印刷工程综合训练中心获得专家组高度评价和认可，成效显著，达到建设要求，一次性通过验收。

**关键词：** 印刷工程；综合训练中心；实验教学；示范中心；成效

2007 年，北京印刷学院印刷工程综合训练中心（以下简称中心）被评为北京市实验教学示范中心。经过几年的建设，中心在实验室建设、教学模式改革与教学体系建设、教学内容更新、实验室开放、师资队伍与教学资源库建设等方面，开展了卓有成效的工作，提升了办学水平。

# 一、政策与举措

学校一贯重视中心实践教学队伍的建设，科学定编、合理设岗，建立了高效灵活的用人机制。

---

①　资料来源：王关义 . "服务教学 促进发展" 2015—2016 年度教师教学发展中心论文集 [M]. 北京：文化发展出版社，2016。

※　项目来源：本论文受北京印刷学院 2015 年校级教学改革重点项目资助（项目号：22150115041）。

1. 学校政策保障有力

根据北京印刷学院岗位聘任指导意见以及"北印学者""北印英才"的选拔和培养办法，实验技术人员与教师同为专业技术人员，参加相同的岗位聘任与考核，享有同样的待遇与晋升发展机会，有效调动了实验技术人员的积极性。

学校以实践型人才为主要培养方向，鼓励教师到印刷企业挂职，并且在教学过程中要求必须承担一定程度的实验教学任务，增加教师的实践感受。学校要求教师每年不低于 72 学时的继续教育。

2. 中心建设经费和科研经费充足

学校每年优先安排专项经费用于中心的实验室设备升级改造、新实验用房及环境建设、大型实验设备维修等，有力地保证了中心的正常运转和可持续发展。中心还每年获得学校实验教学运行基本经费，用于小型设备与测试仪器维护保养、实验耗材购买和中心的日常运行，并开发创新性实验项目，支持实验教学研究和实验教师专业实践技能的培训等。同时，在市级和校级科研项目、教改项目的申报上，学校会按照一定的比例向中心师资力量倾斜。中心还多方筹措资金，通过企业捐赠或共建，获得社会建设经费，积极开展技术开发转让、学术交流和社会服务，提高中心的社会影响力，发挥其引领和辐射作用。

3. 管理制度和人员培训模式规范

学校设有"实践教学指导委员会"，对中心实践教学进行指导与监督。为了保证示范中心实验教学高效运行，中心制定了一系列相关管理制度、岗位职责和开放管理办法，各个实验室实行专人负责制度，并定期开展实验教学质量检查与评价，切实保障实验教学质量。为加强中心实验及研究人员队伍建设，进一步提高理论水平、专业技能和综合素质，实验室工作人员的培训分为岗前培训、校内培训和校外培训等多种形式，还鼓励各实验教学平台工作人员根据各自实际情况，以传帮带和自学等其他形式开展在职培训工作。专业教师每学年负责学生的暑期实习，被分配到各地的印刷相关单位，与学生和企业互动，并承担一定的企业教学和技术服务工作。

# 二、环境与队伍建设

中心经过八年的建设与发展，实验条件与环境得到了极大的改善，师资队伍与人性化环境建设显著增强，集中表现在以下两方面。

1. 实验设备与用房

中心自建立以来，通过各种渠道获得资金投入共计 4000 多万元，新增 493 台套实验教学设备，设备资产原值达到 5100 多万元，现已建成了 5 个实验 / 实践教学平台，即色彩与图文信息技术实践教学平台、数字化工作流程的实践教学平台、CTP 制版技术实践教学平台、传统印刷实践教学平台、质量检测与检验实践教学平台。各实践教学平台教学仪器设备配置合理、性能先进、台套数充足，设备完好率达 90% 以上，且均具备开设综合性、设计性实验和创新性实验的条件。中心开设的实习实践课程数近 10 门，每年接待各类实习实验学生 800 多人次，每年实验人时数超过 15000。

另外，中心原有实验教学用房共计 1200 平方米，经过 8 年的发展，已经扩展到 2130 平方米。学校即将竣工的新实验楼，将为中心提供约 2500 平方米的实验用房面积。这将大大提升中心的实验教学硬件环境，为中心更好地服务实践教学工作提供了强有力的硬件支撑。

2. 实验队伍与人性化环境建设

在师资队伍建设方面，中心制定了有效的政策措施，定期安排指导教师到印刷及相关企业实习、锻炼，实现指导教师的自我提高，重点引进实际经验丰富、基础理论强的人才，打造了一支高水平、"双师型"的实践教学师资队伍。

印刷工程综合训练中心有专兼职实践教学人员 42 人，高级职称占 63%，其中具有博士、硕士学位的人员各占 40%。中心十分重视教师基础理论与实践操作能力的培养工作。自 2007 年以来，有 70 多人次参加企业生产技术培训，有 40 多人次赴国外进行短期进修或参加国际学术交流活动。中心还组建了多个科研团队，依托团队力量承担科研项目和培养研究生，实验队伍科研水平显著提升。8 年来，承担国家自然基金项目与省部级科研项目近 40 项，年均科研经费 1200 余万元，年均发表高水平学术论文 100 余篇、专利 10 件、专业著作或教材 5 部。同时，中心拥有国家级教学成果奖 1 项，北京市级教学成果奖 4 项，市级教学名师奖 3 人，校级教学名师奖 6 人。

中心各实验室实行全天候开放，以师生自主管理为主，既满足了师生的实验及科研要求，又创造出浓浓的学术氛围与特殊人文环境。为配合"卓越工程师计划"的建设和实施，中心加大了实训工程教学实践课程的开发，并提供专门实践教学设备及场地，还组建了印刷过程及装备虚拟仿真实验中心，提供了多人多机位虚拟印刷机操作实训工作，为印刷实操提供了良好的基础条件，解决了上机前的培训及生产模拟与故障排除等项目培训的问题。

# 三、信息化平台建设与利用

中心建设了网络化的实验教学和管理信息平台，网络实验教学资源丰富，实现了网络化、智能化管理，促进了信息技术与课程的整合，实现了教师的教学方式、学生的学习方式和师生互动方式的改革，充分发挥了现代信息技术的优势，为教师的教学和学生的学习提供了优良的服务。

1. 实验教学和实验室管理信息化平台建设

中心通过北京印刷学院校园网设置了印刷工程综合训练中心网站 http：//ysgcec.bigc.edu.cn，面向全院师生提供各种开放信息、教学录像、课件、虚拟仿真实验等网络教学资源。网站还集成了 6 个系统平台，包括课堂教学质量测评系统、实践教学学生选课系统、实验开放预约系统、实验室安全考试系统、实验室与设备综合管理系统、大型仪器设备共享管理系统等。中心网站集信息平台、管理平台、服务平台、交流平台等多种功能于一体，实验教学管理效率明显提升。学校专门为中心提供了服务器等硬件设施，有力保障了网站的正常运行。

2. 网上辅助教学和网络化、智能化管理

开展中心实验室联网工程，有实验课件、仪器操作说明、常见问题等资源。学生可实现网上实验预约、实验预习、网上实验辅导、网上相关实验文档下载。课程网站上可答疑和讨论，成绩查询和进行教学效果评价等，还可以观看丰富的多媒体实验教学课件。例如，"印刷原理"课程。课程教学大纲、教学实施方案、教学考核标准、多媒体教学网络课件、授课录像、授课教案、作业习题、实验指导、参考文献等资料均可在网站内下载，中心、部门领导和实验教师可以依据相应权限通过网络系统，进行实验教学信息发布和实验教学管理。网上辅助教学和网络化、智能化管理使学生提前预习实习内容，了解实习要求，基本掌握设备、仪器的操作规程和使用方法，可以提高教学效果和效率。

# 四、建设成效与示范性

经过 8 年来的建设与实践，中心在人才培养、校企合作等方面取得了一系列的成效。

*1. 学生实习效果好，提高了学生的就业能力*

在人才培养方案实施过程中，以"人才培养由单一培养向注重个性发展的转变、人才培养方式由简单课程讲授向提高工程素质的转变、知识学习运用由传授知识向工程应用的转变、印刷生产意识由基本技能训练向工程技术训练的转变"的"四转变"为抓手，实现工程技术型人才培养目标。参加实习的学生，绝大多数有很大的收获，很多在故障排除实习中发现并解决问题后提升了解决问题的能力。近年来，我校印刷工程、包装工程、机械工程等专业的产、学、研合作取得了可喜的成绩，参与实习实践的学生数量超过 2000 人，已经培养毕业生 1000 余人。毕业生的工程实践能力得到了有效增强，受到用人单位的充分肯定，增强了就业竞争力。毕业生在就业市场上受欢迎，连续几年就业率一直保持在 95% 以上。就业率高、签约早、专业对口已经成为参与专业学生毕业就业的突出特点。产学合作使学生实践、综合素质得到锻炼，强化学生实践能力培养，造就了一批动手能力强、富有创新精神的优秀学生。

*2. 创新能力得到加强，学科竞赛硕果累累*

学生参加课外科技竞赛的积极性、工程技术能力、创新能力及综合素质显著提高。学生参加第一届全国印刷职业技能大赛获优胜奖 1 人、优秀奖 5 人，参加第二届全国印刷职业技能大赛获一等奖 3 人、二等奖 7 人、三等奖 9 人，参加第三届全国印刷职业技能大赛获一等奖 2 人、二等奖 5 人、三等奖 11 人、优秀奖 9 人；"IPTA 意大利印刷技术奖（2012 年改成意大利印刷与纸制品加工技术奖）"设置以来，每年都有 1 名学生获奖。将科研优势转化为教学优势，每年教师指导学生国家级大学生科研项目 30 余项。近三年来，北京市大学生科研项目 100 余项，学生参加各类学科竞赛近 500 项，其中国家级奖项 20 多项，省部级奖项 300 余项。

*3. 中心建设加快课程改革和教材建设，促进专业综合改革*

近三年来，课程教学内容与课程体系改革共立项 20 余项，其中包括校级重点项目 5 项，市级教改项目 1 项，发表教学改革论文近 40 篇。近三年校级特色教材建设立项近 10 项，包括《专业英语》《印刷工程实践教学指导书》《图文信息处理工程训练》等。其中《包装印刷与印后加工》入选国家"十二五"规划教材。

专业是高校人才培养的载体，是高校推进教育教学改革、提高教育教学质量的立足点，其建设水平和绩效决定着高校的人才培养质量和特色。学校校外人才培养基地的建设过程，从起初单一的专业实习，结合市场需求和人才培养目标，逐步过渡到实行订单式培养模式。通过校企合作，教师队伍不仅在教学能力方面有所提高，同时促进教材建设和教学内容、方法改革。通过中心的建设，创新了人才培养模式，大力提升了人才培养水平，加强了专业内涵建设及专业综合改革。同时，对其他专业起到了示范作用。

4. 培养与引进相结合，师资队伍质量全面提升

一流的师资队伍是培养高质量人才的基本保证。指导教师通过指导学生的实习教学活动，加深了与企业的联系，了解了企业在实际生产中应用的现代最新技术与工艺，掌握了许多实用案例，这些对提高教学水平与质量起到了关键作用。学校依托中心，定期组织青年教师进行工程实践训练，并使青年教师的工程实践训练制度化、规范化，确保工程实践教学的效果，促进同时具备理论教学和实践教学两种能力的"双师型"教师的培养。

目前印刷工程、包装工程等专业有 10 名教师具有工程实践经验，在 10 名教师具有"平版印刷工""平版制版工"等工种的国家裁判员资格基础上，又增加 5 名。许多教师在印刷技术领域和行业具有良好的声誉和较高的知名度。同时，通过中心的建设，教师在新技术研发和技术转化方面取得了可喜的成绩，也提高了教师队伍的实践教学能力和工程实践能力。其中，1 人在国际学术组织任职，2 人任 ISO/TC130（国际印刷标准化组织）委员，2 人获全国新闻出版行业领军人才称号，5 人次获印刷行业重要奖项"毕昇奖""森泽信夫奖"，1 人获"全国印刷行业百名科技创新标兵"称号。获得北京市属高校高层次人才 2 人、北京市学术创新人才 4 人、北京市"长城学者"培养计划 3 人、"新世纪百千万人才工程"北京市入选者 1 人。

5. 产学研有新突破，将科研优势转化为教学优势

校企双方通过项目课题研究的方式，共同解决技术和生产难题。自中心成立以来，在学院的人才培养、企业的技术改革与技术创新方面发挥了重要作用，取得了较为突出的成绩。数字媒体艺术中心北京市重点实验室依托北京印刷学院设

计艺术学学科，以数字传播和文化艺术创新为主线，以紧密结合并服务于首都文化创意产业为宗旨，经过多年的学术研究与成果积累，凝练出特色明显的研究方向，拥有较强的师资队伍。北京印刷学院和北京雅昌彩色印刷有限公司合作开展科研项目40余项，其中获批国家科技支撑计划"书画艺术品知识分析关键技术研究与应用服务示范"（2014BAH07F00，980万元），该项目主持人是基地（企业方）负责人宋强总经理，北京印刷学院承担"书画艺术品知识分析关键技术研究"子课题。以企业的市场需求为出发点，教师指导学生参与大学生科研计划200余项，提升了学生的科技创新能力。考取研究生的毕业生比例逐年升高，2014年超过了10%。

6. 中心建设探索出人才培养的新模式

基地实施了产业全面融通的人才培养机制，设定了基于企业需求的订单式人才培养目标。成立"雅昌班"，进行为期一年半的校企联合培养，学生的实习、实践在企业中完成，提高人才与市场的融入和对接度，提升人才培养质量。聘请企业高级技术人员作为学生实习、实践、毕业设计环节的指导教师，旨在将企业的人才需求融合到实践教学中，围绕印刷包装行业发展的需求，充分发挥企业优势，形成了校内、校外相互补充的实践教学平台。

为了提高人才的培养质量和实践能力，学校的人才培养方案实行"1+2+1"培养模式。通过企业实习，并聘请企业导师和学校导师同时指导毕业设计，很好地发挥了基地优势，成功探索出人才培养模式的创新机制。

遵循"行业指导、校企合作、分类实施、形式多样"的原则，贯彻"以学生为本、以教师为主导"的教学理念，培养具有国际竞争力的工程专业人才为目标，坚持"以服务为宗旨，以就业为导向"的指导思想。经过多年的改革与建设，在中心建设的理念、实习环境、管理制度、实习教学、实习基地的效益、对外培训等方面取得了一定的成绩。已经形成了教学体系科学、实验内容先进、实验教材系统、实验设施完善、运行管理规范、队伍结构优化、教学效果显著、教学成果突出的实践教学实体，对本校其他实习基地及兄弟院校有一定的示范与辐射作用。

2014年11月25日下午，为了进一步提升学校实验教学示范中心建设质量，本着"以验促建"的宗旨，按照《北京市教育委员会关于开展北京市高等学校实验教学示范中心验收工作的通知》（京教函〔2014〕484号）要求，学校组织召开了验收评估会。专家组实地考察了印刷工程综合训练中心，对实验教学示范中心建设取得的成绩给予了充分肯定，并就今后如何进一步做好实验教学示范中心建设工作、更好地发挥示范辐射作用，开放优质资源，共享先进经验，促进特色发展，服务首都经济，引领北京乃至全国高校实验室建设和实验教学改革等方面提出了指导性意见和建议。专家认为中心的建设达到了预期目标，符合北京市高等学校实验教学示范中心建设的要求，成效显著，一致同意通过验收。

## 参考文献

[1] 刘华, 吴波, 隋金玲, 等. 全面整合实践教学资源, 创建工程教育中心[J]. 实验技术与管理, 2009(6).

[2] 程红, 邹甲, 王彦文. 具有矿业特色的电气工程与自动化专业建设探索与实践[J]. 中国科技信息, 2010(2).

[3] 杜春燕, 冯培勇, 朱新连, 等. 印刷工程专业课程考试改革的研究与实践[J]. 教育教学论坛, 2014(16).

[4] 易尧华, 李治江, 陈聪梅. 现代印刷工程专业技术领域人才需求转变探讨[J]. 中国印刷与包装研究, 2014(6).

[5] 常江, 刘壮, 梁多平, 等. 印刷工程专业创新型实验教学模式的探索[J]. 教育教学论坛, 2013(29).

# 行业特色高校校内创新实践基地建设的探讨

## ——以北京印刷学院校内创新实践基地为例①

张改梅　杨永刚　左晓燕　曹梅娟　宋晓利

（北京印刷学院　北京　102600）

**摘要：**创新基地的建设是高等学校本科教学质量与教学改革工程的重要环节。文章结合行业特色高校创新基地的建设，介绍和分析行业特色高校——北京印刷学院校内创新实践基地的建设思路、管理模式和建设成果，针对创业教育的需要，行业特色高校为学生构建创新训练过程中需要进一步完善的内容。

**关键词：**行业特色；创新基地；印刷包装

# 一、概述

为深化高等学校教学改革，创新教学理念、培养模式和管理机制，培养大学生的实践能力、创新精神和团队协作意识，提高学校人才培养质量，2011 年 11 月，北京市教委发布了《关于开展北京高等学校校内创新实践基地建设的通知》（京教函〔2011〕702 号），北京市各高校积极开展校内创新实践基地建设工作。北京印刷学院坚持"质量立校、人才强校、创新驱动"的办学宗旨，以学校印刷工程、包装工程、机械工程等特色优势专业群为基础，有效整合校内外优势资源，以提升、强化大学生实践能力、协作能力、创新能力和工程素养为重点，致力于培养创新型、综合型、应用型高级工程人才。在印刷工程综合训练中心的基础上，建立校内创新实践基地（以下简称基地），为学生学科竞赛、创新活动等提供场地、设备等硬件条件，同时配置了指导教师。

---

① 资料来源：高教学刊，2016 年第 7 期，第 65-66 页。

# 二、创新人才培养理念

基地围绕"印刷与包装工程创新型人才培养"的目标，坚持"面向行业、注重特色、突出创新、项目驱动、开放共享、自主管理"的原则，通过探索高校创新型人才培养有效模式，搭建学生自主实践平台，构建学生自主实践的长效机制，为培养学生的自主创新能力和创新意识营造良好的环境和氛围，为印刷出版行业培养综合能力和创新精神的应用型高级专门人才，提高人才培养质量。

1. 面向行业、注重特色

印刷、包装工程专业是面向现代印刷、包装及相关产业，主动适应国家经济建设和社会发展需要，培养具有印刷、包装工程专业综合素质能力和创新精神的应用型高级专门人才。因此，立足北京，面向行业，依托基地培养适应文化创意发展需要的创新型高级专门应用型人才，推动数字印刷、包装印刷和个性化印刷发展，促进我国印刷复制技术的进步。

2. 突出创新、项目驱动

基地支撑的学生实践创新活动很多，包括学科竞赛、创业项目、研究项目、调查研究、科技论文、资格认证和参与教师科研等。以项目驱动学生参与的积极性，教师应逐渐走到后台，更多的是提供支持和引导。基地以学科竞赛为龙头，以各类项目为依托，实施项目驱动教学，为学生实践动手能力、团队协作能力和创新能力的综合提升，探索出了一条科学、有效、简捷的路子。

3. 开放共享、自主管理

基地在保证安全、监督、监控机制健全的条件下，实现创新实践基地的全面开放。在保证学生基础实践教学的基础上，大力组织学生参加印刷包装学科各种创新竞赛，使学生开展多种形式的创新与竞赛活动，从业务经费中拨出一定资金用于学生的活动经费和奖励。实践基地通过完善自主创意空间、改善配套设施、加大项目经费支持力度，积极探索"有目标、有空间、有团队、有项目、有指导、有经费支持"的创新人才培养新模式，支持大学生开展自主研究、创作和创业实践。

# 三、管理模式

### 1. 两级管理、统筹布局

基地实行两级管理，由学校教学副校长直接领导，学院教务处负责业务指导。基地实行主任负责制，职责是制定校内基地总体发展和建设规划，研究解决发展中的重大问题，制定政策并指导基地的日常管理与运行。

形成校级领导力、部门协同力、教师支持力、学生参与力、专家指导力五力合一的支撑机制，为实践创新基地运行的可行性、长效性提供制度和可行性的保障。

### 2. 项目驱动、多种模式引导

基地以学科竞赛为龙头，以各类项目为依托，实施项目驱动教学，为学生实践动手能力、团队协作能力和创新能力的综合提升，探索出了一条科学、有效、简捷的路子。基地根据不同学科、专业的实际特点，建立并实施了灵活多样的运行模式，包括科技创新竞赛模式、创业训练模式和科学研究模式。

### 3. 学生自主管理，提高利用率

多种形式的学生管理模式在基地日常运行维护工程中充当着重要角色。在大学生科技创新实践基地中，为了能够顺利地开展各种学生创新实践活动，需要科学高效的管理体系，以构建师生之间的联系网络，并以规章制度保障创新基地的日常运作，实现自上而下的管理。为使基地达到最大使用效率，主要由各类学生社团负责基地的日常管理，组织学科知识竞赛和创新实践活动的宣传、动员等。学生自主管理有效激发学生参与创新实践活动的兴趣和积极性，扩大受益面，提升学生的自主学习能力、实践能力、创新能力。

# 四、实践基地的建设成果

### 1. 突出"印刷包装学科群交叉融合"建设优势，构建了"面向工程、激发创新、突出能力"的实践教学体系

加强专业课程中创新体系的建立，提高"创新型""设计型""综合型"实验比例和水平，探索和建设一批更具创新性和工程性的科技项目。将加大学

生科技创新活动在教学计划中的比例，使科技创新活动的顺利开展得到有力保障。在教学中偏重对学生科技创新能力的培养，将学生科技创新活动模式纳入应用性教育教学环节，为大学生开展科研活动开设相关课程，设置创新学分，将科技创新活动与毕业、学位联系起来。同时增加资金、设备、场地等相关硬件的投入力度，提升大学生科技创新项目的水准。

2. 引入激励和竞争机制，进一步采取分层次培养的教学模式，以项目驱动提高学生的主动性

以课程实验为基础构建实验教学体系，逐步形成综合性试验、设计性试验及创新实验的分层次、阶梯型的分类教学模式，培养学生自主式、合作式和研究式三位一体的创新能力。通过多层次、模块化的实践教学体系及开放式管理，为面向不同学生的需求达到科研创新、国家级创业创新训练计划实现等，提供了有利条件。

3. 建立健全制度化和项目化，加强学生自主管理能力和团队合作能力

通过制定奖励机制和项目化管理制度，鼓励学生交流和互动。增设一些与现代高新技术结合紧密、与理论课程和专业训练密切相关的科研项目，有利于提升学生科研创新水平和工程实践能力。以基地优秀作品和项目为样板，扩大到更多专业课程中，才能让更多的学生获得参加自己感兴趣的科技项目的锻炼机会，实现因材施教。

4. 加强校企合作，进一步拓展基地的示范效应和辐射作用

创新实践基地工作若长期坚持，在大学生实践能力和创新意识、创新能力方面的作用必将日益凸显。运行过程中应建设和总结共抓，积累与宣传并行，加强创新基地建设的成果集成和推广，注重示范效应和辐射作用的发挥。为利用好这一平台，发挥更多学生的自主性和创新性做好基础教学是高等学校的本质工作和核心任务。

5. 加强国际交流，提高国际化水平，加快引进国际化师资力量

近年来先后有多名外教受聘于学院工作，他们主要来自美国、加拿大、英国等高校。在此基础上，进一步加大引进力度，继续实施国际化印刷工程、包装工程课程体系，积极采用开放性实践教学模式和个性化的实践教学方式，尽可能为学生提供国际化视野的设计实践理念、方法以及学科专业的前沿信息。结合基地现有的与美国、英国、德国、澳大利亚、加拿大、日本等国的兄弟院校的合作项

目，进一步拓展与国外高校的校际合作。双方定期互派教师以学术研讨、学术访问等形式开展国际交流，并互派学生以定期实习、夏令营等方式开展国际实践教学活动。鼓励学生参加各类国际科技竞赛活动，扩大中心的国际影响力。结合卓越工程师计划和工程认证，逐步实现与国际接轨，走国际化道路。

# 五、总结及展望

我校印刷与包装工程创新实践基地经过多年建设，具备了全新的创新实践教学理念、科学的实践教学平台、较高水平的实践教学队伍、先进的仪器设备和安全的环境条件、高效的运行机制和规范的管理体制，开展了丰富的创新实践活动，形成了显著的创新实践教学成果和鲜明的特色。创新实践基地工作若长期建设并不断思考、总结和完善，在大学生实践能力和创新意识、创新能力方面必将发挥巨大作用。今后需要继续注重示范效应和辐射作用的发挥，进一步利用好这一平台，为发挥更多学生的自主性和创新性打好基础。

# 参考文献

[1] 初汉芳, 李锋. 高校实验教学示范中心管理模式与运行机制的研究与实践[J]. 实验室科学, 2010(16): 139-141.

[2] 任佳, 王杰, 梁勇. 北京高校校内创新实践基地建设分析探讨[J]. 实验技术与管理, 2014(8): 222-224.

# 印刷包装综合创新实践基地的建设与思考 ①

杨永刚 杨珂 张改梅 梁炯 施亚梅

(北京印刷学院 印刷与包装工程学院 北京 102600)

**摘要**：为了培养学生的实践能力，学校建立了印刷包装综合创新实践基地。本论文从基地概况、人才培养理念、基地特色和建设规划等方面详细介绍了基地的建设情况和未来发展的思考，对创新型人才培养的途径进行了理论和实践探索。

**关键词**：印刷包装；创新；实践基地；人才培养；建设规划

## 一、引言

我校印刷工程专业始建于 1958 年，是国家级特色建设专业，教育部卓越工程师教育培养计划试点专业，北京市首批一流专业；包装工程专业始建于 1988年，是市级特色建设专业、校级优势专业。在我国现有印刷、包装专业的 100 余所院校中，我校是唯一一所举全校之力办印刷包装类专业的院校。

2007 年，我校建成印刷工程综合训练中心，并按照分类教学模式培养学生的创新能力。2011 年在该中心基础上又成立了印刷包装综合创新实践基地。近年来，学校进一步整合印刷、包装创新实践教学资源，结合教育部"卓越工程师教育培养计划"、北京市教委"实培计划"和大学生创新创业工作，依托印刷工程综合训练中心（市级）、印刷包装材料与技术重点实验室（市级）、印刷电子工程中心（市级）、北京绿色印刷包装产业技术研究院（市级）、北京印刷学院大学科技园（市级）等校内实践教学、科研服务和产业化平台，内引外联，以校

---

① 资料来源：王关义."服务教学 促进发展" 2017 年度教师教学发展中心论文集 [M].北京：文化发展出版社，2018。

内创新实践带动资源共享和校外创新主体参与实践活动开展，形成了综合型、开放共享型的大学生创新实践和创新创业人才培养基地。

在人才培养方案和教学计划中，印刷包装类专业本科生在校期间应修满实践创新学分不少于 4 学分，结合"创新与发明""物理学与人类文明""数学建模""科学思想探索""印刷与环境""大学生创业基础""大学生职业生涯规划"等课程教学，激发学生参与创新实践活动的热情。

经过几年来的建设，印刷包装综合创新实践基地已经建成 6 个创新实践教学平台，包括印刷工程创新实践平台、包装工程创新实践平台、印刷电子创新实践平台、3D 打印创新实践平台、生物印刷创新实践平台、智能包装创新实践平台，依托市级大学科技园 / 大学生创新创业园建立了 1 个印刷包装创新创业平台，形成了 6+1 的印刷包装综合创新实践基地架构，综合开展各类实践教学、大学生科研、学科竞赛、创新创业等教学活动。基地建有独立网站，拥有独立服务器、网络环境和用户终端等，并组建了一支近 50 人的创新实践教学专、兼职队伍。2015 年 12 月，印刷包装综合创新实践基地被批复为北京高等学校校内示范性创新实践基地。

# 二、创新实践基地概况

## 1. 创新实践基地组织管理模式

根据印刷包装综合创新实践基地建设目标定位，我校提出了"学校教务处统筹规划，印包学院牵头建设，各创新实践平台协同共享，学生创新实践项目驱动，基地教师跟进指导"的组织管理模式，保障了基地各项工作的顺利开展。

两级管理，实现资源开放共享。基地实行两级管理，学校教务处负责对基地建设及运行业务的指导。基地实行主任负责制，并设两名副主任。一名常务副主任，主持基地工作，负责基地的日常运行管理，协调校内各个机构，保障学生自主管理创新实践活动；另一名专职副主任，负责根据学校下达的教学任务，组织学生创新实践活动指导教师，指导学生开展实践教学和创新实践活动，检查教学和实践效果。

创建学生自主管理环境，培养学生自主创新精神和实践能力。在专职副主任指导下，突出学生自我管理，在基地成立学生创业创新活动室，牵头组织学科知识竞赛和创新实践活动的宣传、动员、报名、资源组织及考评等工作。

2. 创新实践基地资源及平台

我校印刷包装综合创新实践基地由学校教务处负责统筹规划，依托印刷与包装工程学院教学建设和管理，由从事实验教学、实验室管理工作的教师负责日常管理和设备维护；由印刷工程教学团队、包装工程教学团队、实践创新创业教学团队和印刷包装材料与技术实验室、北京市印刷电子工程中心、北京绿色印刷包装产业技术研究院下属各科研团队的教师负责学生创新实践活动的具体指导工作。由于印刷、包装是我校特色、优势专业，我校主校区物理空间主要围绕印刷、包装进行布局。印刷包装综合创新实践基地场地主要集中在三个区域：教 D 楼、教 E 楼和研究院。

基地配置了印前图文设计、印前图文信息采集与处理、数字媒体设计、颜色测量与色彩管理、印刷输出打样、印刷材料适性测试、纸张测试、油墨测试、印刷电子材料制备与测试、3D 打印材料开发与测试、生物印刷材料开发与测试以及包装装潢设计、包装结构设计、包装材料测试、包装制作、包装测试、功能包装材料开发、智能包装器件开发与测试等方面的仪器设备。基地还构建了一系列虚拟仿真实践教学平台，如印前数字化流程虚拟仿真实验平台、印刷工艺虚拟仿真实验平台、印刷生产管理 ERP 虚拟仿真实验平台、包装结构设计虚拟仿真实验平台、包装生命周期评价虚拟仿真实验平台。

# 三、创新人才培养理念

基地围绕"印刷、包装工程创新型人才培养"的目标，坚持"面向行业、注重特色；专属环境、平台共享；突出创新、项目驱动；开放共享、自主管理"的原则，通过探索高校创新型人才培养有效模式，搭建学生自主实践平台，构建学生自主实践的长效机制，为培养学生的自主创新能力和创新意识营造良好的环境和氛围，为印刷、包装行业培养具有专业综合能力和创新精神的应用型高级专门人才，提高人才培养质量。

1. 面向行业、注重特色

印刷、包装专业面向印刷、包装产业及文化创意、文化科技融合和媒体融合产业，印刷、包装行业在国民生产总值中占有较大比重。文化创意、文化科技融合、媒体融合属新兴产业，发展潜力巨大，上述行业对印刷、包装专业复合型、创新型人才有着旺盛的需求，同时也对印刷、包装专业学生创新实践综合能力的培养提出了更高的要求。

### 2. 专属环境、平台共享

专属环境是指基地为参与创新实践的学生提供一个相对固定的场地，配备必要的条件，配备必要的专兼职师资，专门用于学生的创新实践活动。此外，打通印刷、包装相关的教学、科研、产业化平台，实现特色、优质资源共享，积极为创新实践活动和教学提供平台支撑。

### 3. 突出创新、项目驱动

基地支撑的学生创新实践活动较多，包括实践教学、大学生科研、学科竞赛、创业项目和参与指导教师科研项目等。其中，开展和支持各种科技竞赛活动是实践创新基地的主要任务。目前基地每年举办的校级科技活动有十余项，吸引了 6 个专业 2000 余名学生参加。通过竞赛，提高了学生专业学习热情，扩宽了学生获取知识的渠道，增强了团队合作意识。基地逐步拓展创新活动的项目，包括创新创业项目、大学生科研项目、国际专业类竞赛、大学生科技节等，在实践创新基地的建设上逐渐增加学生的参与程度，发挥学生的主导作用。以项目驱动学生参与的积极性，教师应逐渐走到后台，更多的是提供支持和引导。基地以学科竞赛为龙头，以各类项目为依托，实施项目驱动教学，为学生实践动手能力、团队协作能力和创新能力的综合提升，探索出了一条科学、有效、简捷的路子。

### 4. 开放共享、自主管理

基地在保证安全、监督、监控机制健全的条件下，实现创新实践基地的全面开放。充分体现实践创新基地的特色，让学生成为基地的主人。创新实践活动重在过程，根本目的是创新意识的培养。因此在实践创新基地的建设上要逐渐增加学生的参与程度，发挥学生的主导作用，教师应逐渐走到后台，更多的是提供支持和引导，在保证安全、监督、监控机制健全的条件下，实现实践创新基地的全面开放。北京印刷学院大学科技园于 2010 年 12 月成立的市级大学科技园，是北京市科委、北京市教委、中关村科技园区管委会认定的，以印刷包装、出版设计为特色的高新技术孵化器。同时设立大学生创新创业园，成立了大学生创新创业工作小组，综合条件平台全部免费向大学生创业团队开放，孵育学生创业企业11家，实行学生自主管理。在保证学生基础实践教学的基础上，大力组织学生参加印刷包装学科各种创新竞赛，使学生开展多种形式的创新与竞赛活动，从业务经费中拨出一定资金用于学生的活动经费和奖励。

基地通过完善自主创意空间、改善配套设施、加大项目经费支持力度，积极探索"有目标、有空间、有团队、有项目、有指导、有经费支持"的创新人才培养新模式，支持大学生开展自主实践、研究、创作和创业实践。

# 四、基地的主要特色

随着创新活动的开展，基地形成了如下特色。

1. 以真实的实训环境提升学生实践动手能力

依托印刷工程综合训练中心（市级），结合印刷产品生产工艺过程，实施模块化实践教学，学生顶岗操作为教学手段，提升学生实践动手能力。

2. 以学科竞赛活动提升学生自主学习能力

通过参与国内外各类学科、科技、创新创业等竞赛，激发学生自主学习的兴趣，培养学生荣誉感和团队意识，提升学生自主学习能力。

3. 以科研实践提升学生自主创新能力

依托北京市印刷与包装材料和技术实验室、北京市印刷电子工程技术研究中心、北京绿色印刷包装产业技术研究院，开展大学生科研活动，参与各项科研课题，在指导老师课题组的氛围环境中、研究生带动示范作用下提升自主创新能力。

4. 以创新创业活动培养学生创业意识

依托市级大学科技园 / 大学生创新创业园，以印刷包装为特色，免费向大学生创业团队开放，实行学生自主管理，孵化学生创业企业11家。从业务经费中拨出一定资金用于学生的活动经费和奖励，培养学生创业意识。

## 五、基地建设规划

1. 依托创新实践基地，提高创新实践活动在专业课程实践教学中比例

加强专业课程中创新体系的建设，进一步提高创新型实验比例，探索和建设一批更具创新性和工程性的科技项目。加大学生科技创新活动在教学计划中的比例，加大学生自主创新能力的培养，将学生创新实践活动，纳入应用性教育教学环节，为大学生开展科研活动开设相关课程，增加资金、设备、场地等投入力度，提升创新实践教学的水平。

2. 建立健全运行管理制度，提升学生自我管理和自主学习能力

制定奖励机制和项目管理制度，鼓励学生交流互动，提升学生科研创新水平和工程实践能力。通过学生自我管理机构设置及活动开展，提升学生自我管理能力。通过基地优秀作品和项目奖励，鼓励更多的学生参与更多的科技项目，培养自主学习能力。

3. 完善网络信息化自主实践管理平台建设，加强校校、校企衔接

通过整合现有网络资源，形成印刷包装综合创新实践基地网络管理平台，提高开放程度，利于学生自主管理。同时，进一步完善网络校校、校企交流功能，提高基地实践内容的实用性和先进性，把实践创新基地办成学生发挥聪明才智、获得实践经验和培养职业素质的重要平台。

## 参考文献

[1] 张彦斐, 宫金良, 魏修亭, 等. 基于综合项目的大学生创新与实践基地人才培养模式探索[J]. 科教导刊(上旬刊), 2012(8): 70-71.

[2] 钱政, 夏红霞. 基于职业核心能力的创新实践基地组织形式研究[J]. 安徽电子信息职业技术学院学报, 2013(4): 75-77.

[3] 陈孝顺. 推进1+X+Y发展 创新学生综合实践基地建设模式[J]. 中国教育技术装备, 2014(8): 9-10.

[4] 向诚, 何培. 构建校企协同创新机制 建设专业学位联合培养实践基地[J]. 高等建筑教育, 2017(8): 31-35.

[5] 任佳, 王杰, 梁勇. 北京高校校内创新实践基地建设分析探讨[J]. 实验技术与管理, 2014(8): 222-224.

[6] 王建, 杨燕萍. 高等院校校内创新实践基地建设思路探索——以中国人民大学理科公共平台校内创新实践基地为例[J]. 中国大学教学, 2013(7): 13-14.

[7] 王杰. 校内创新实践基地建设的重点和难点探析[J]. 实验室研究与探索, 2015(7): 161-164.

[8] 吴小红, 潘巧明, 赵琳, 等. 地方高校大学生校内创新实践基地建设的探索与实践——以丽水学院为例[J]. 丽水学院学报, 2016(7): 121-124.

[9] 赵志强. 大学生创新实践基地建设思考与探索[J]. 中国印刷与包装研究, 2013(8): 94-98.

[10] 董德民. 大学生创新实践基地运行模式与管理机制研究[J]. 中国电力教育, 2014(2): 191-192.

# 印刷包装虚拟仿真平台的构建及创新人才的培养① ※

杨永刚　刘江浩　王华明

（北京印刷学院　北京　102600）

**摘要：**虚拟仿真技术已逐渐应用在印刷包装类专业实践教学及人才培养中，必将为"以学生为中心"的自主式学习和专业理论教学带来积极意义。本论文首先指出了新工科背景下构建虚拟仿真实验平台的必要性和主要创新性。其次，分享了胶印工艺虚拟仿真实践平台的实用性与先进性。最后，论文从三个方面探索了基于虚拟仿真实验平台的建设应用对自主式学习的开展、实践教学改革、学生工程实践能力培养的正面促进作用。

**关键词：**新工科；印刷包装；虚拟仿真实践平台；以学生为中心；虚实结合

新工科建设和发展，由复旦共识、天大行动和北京指南提出，以培养造就多样化、创新型卓越工科人才为教育目标，始终围绕工程教育新理念、学科专业新结构、人才培养新模式、教育教学新质量、分类发展新体系五大部分开展研究与实践。2017 年 6 月，教育部办公厅印发《关于推荐新工科研究与实践项目的通知》，适时推出新工科建设的战略举措。随着我国"一带一路""中国制造 2025"等重大建设的不断推进，以新技术、新业态、新模式、新产业为代表的新兴经济高速发展，对工程专业人才培养提出了更高要求和挑战。培养具备交叉学科融合能力强、工程创新实践能力高、国际化视野能力强的高素质复合应用型人才更是当前高校新工科建设的首要目标和核心要义。

---

①　资料来源：《教育教学论坛》，2022（34）：181-184.

※　项目来源：2019 年北京高等教育"本科教学改革创新项目"资助（项目号：22150120018）。

# 一、印刷包装虚拟仿真实践平台的构建

## 1. 构建虚拟仿真实践平台的必要性

印刷包装类专业实践教学环节中，生产型印刷机、印后装订与整饰设备及各种包装机械昂贵，设备种类多，实验用机型更新换代速度慢，实验成本高，且实践教学环境与企业生产实际差别较大，导致学生参与度较低，实践教学的效果难以保证，制约了复合应用型人才的培养。另外，实验用印刷机、装订线、覆膜机和各种包装机械体积庞大，占用较大的物理空间，开展实验用的油墨、胶黏剂等，也会产生一定的 VOCs 排放和设备清洗废水，对环境友好性不够。由于实验条件的局限性，采用虚拟仿真实践技术及平台替代真实实验设备和部分实践环节迫在眉睫。它既能高度模拟实际生产环境，又能降低传统实践环境中环保性、安全性不足的因素对学生身体健康造成的影响，提高了学生的参与度和体验感，还能及时反馈最新学习状态，学习效果大为改善。

为全面提高学生创新精神和实践能力，共享优质实验教学资源，并解决大型实验开展成本过高和可逆性差以及高速动态过程不利于监测和展示的弊端，学校于 2012 年组建了印刷包装虚拟仿真实验中心，对相关课程实验进行梳理和设计。本着"虚实结合、相互补充、能实不虚、能虚尽虚"的原则，构建了一部分虚拟仿真教学资源。目前完成了对印刷工艺虚拟仿真实验资源中胶印、凹印、柔印虚拟仿真软件的升级，搭建了印刷包装虚拟仿真实验中心教学平台，开发了平版胶印印刷车间虚拟仿真实验资源。目前，正在有序推进书刊装订车间虚拟仿真实验系统开发、印后加工车间虚拟仿真实验开发、包装全工艺流程虚拟仿真实验系统开发、包装盒设计与可视化加工制作、包装生命周期评价系统开发等。该平台的构建有助于学生从不同维度了解真实的印刷包装工艺流程，加强专业间的交流互动，促进复合应用型人才培养。同时，结合培养方案，利用开发的虚拟仿真系统平台，设计并嵌入理论课程或者集中实践环节的课程，比如印刷专业实习、印刷生产实习与创新实践、包装设计综合训练、包装印刷技能实习等。

## 2. 构建虚拟仿真实践平台的主要创新性

（1）通过将虚拟仿真软件引入到新工科印刷包装类人才培养实践教学中

去，建立起近似真实的印刷包装生产环境，可以将抽象的印刷流程和印刷故障形象化，让学生"亲手"排除印刷故障进行"上机"印刷生产，用不断试错的方式来学习实际操作和故障分析与排除，激发了学生学习的积极性和主动性。也可将庞大的包装物料生产设备和自动充填包装线数字化，不仅降低了实验工作量和实验成本，重要的是能增强学生的实践能力，还强化了理论教学效果。

（2）虚拟仿真实践平台的设计和搭建会综合应用到信息技术、VR 技术、仿真技术、3D 建模技术、人工智能识别技术等多种先进技术，能系统训练学生的创新思维，有望使学生从系统的应用者变成系统的改进者和开发者，为后续实践平台的持续改进和完善，平台资源的远程共享提供技术支持。

## 二、胶印工艺虚拟仿真实践平台案例

为适应我国高等教育和印刷产业发展的需求，以培养具有较强生产实践能力的创新应用型印刷人才为目标，坚持"学生中心、问题导向、学科融合、创新实践"的实验教学理念。印刷工程专业按照"能实不虚、虚实结合"的原则，以海德堡胶印生产流程和规范操作为主要实验内容，采用 3D 建模、动画、音效、人机交互等技术，自主研发了平版胶印工艺虚拟仿真系统。系统包括开机前安全检查、参数设置、印版安装、墨量调整、套准调整、预印刷、正式印刷、设备清洗等操作工艺要领，能有效解决印刷工程专业实践教学过程中设备不足、成本高、实验材料消耗大的问题。

### 1. 胶印工艺虚拟仿真实践平台的实用性

实验系统构建的虚拟仿真实验环境，全方位逼真再现了印刷车间的环境及设备的真实运行状态，以 3D 建模的形式直观呈现印刷车间及印刷机的操作，极具可观性和吸引性。解决了由于实验设备缺乏，学生不能单独完成设备多次操作及可重复性训练的问题，也解决了印刷车间无法承受大批量学生同时进行实践训练的难题。有效地拓展了实验内容的深度和可重复性，提升了印刷机操作训练的学习效果，凸显了虚拟仿真实验的优势。

依托虚拟仿真实验教学项目，可让学生在实习的过程中，先通过虚拟仿真实验的学习，对印刷机的操作工艺流程有系统性的了解，熟练掌握设备参数设置等多项复杂程序，对印刷产品的预墨量调整有直观的对应效果的感知，并熟练掌握印刷套准的技术操作。然后再到实际印刷机上进行对应实习，实现了"虚实结合、以虚补实"的设计初衷，保证了学生实验的安全性、高效性，切实减少了实验材料的损耗，学生在虚拟仿真实验中获得经验值，也保证了现场教学的顺畅，效果突出。项目本身具有一定的创新性。

实验教学项目还提供了学习模式和考核模式。学生前期可通过学习模式按程序提示完成对设备的操作，并可多次重复训练。考核模式则通过多套不同产品的随机抽取，对主要设备操作模块进行分块考核和整体考核，同时结合软件的自动评分系统，让学生能够直观地看到实验效果，有效调动了学生参与实验教学的积极性和主动性，激发了学生的学习兴趣和潜能，推进了探究式教学方法的普遍运用。考核模式中随机抽取的模拟印刷品，也给学生设置了墨量调节的难度。学生需要运用所学的理论知识并结合实际生产效果来进行调节和设置，有效地提升了学生解决复杂问题的综合能力，培养了学生自主分析问题的思维方式，体现了课程的高阶性和挑战度。

2. 虚拟仿真实践教学设计的合理性

本实践所选择的 3D 建模的原型为海德堡四色胶印机。海德堡印刷机在我国印刷行业中使用较为广泛，设备市场占有率高，所以选择的设备具有代表性和示范性。本实践的操作流程是按照海德堡四色胶印机的培训手册来设计完成的，能够满足学生实习训练的要求，也可以推广到印刷企业新员工培训工作上。

本实践以海德堡胶印机的生产工艺为主，将"印刷原理与工艺"课程中的水墨平衡原理，"颜色科学与技术"课程中的印刷色彩再现原理，都在实验过程中进行了有机结合。实验不仅仅是设备的操作，也让学生通过实验更好地理解这些原理在实际印刷工艺中的具体运用。实验以"印刷专业实习"实践课的目标要求为出发点，围绕胶印生产线，将教学内容及知识点进行了分解，涵盖印刷机墨键调节实验原理、印刷水墨平衡实验原理、印刷色彩再现实验原理等原理，包括印刷过程中的润湿、胶印油墨转移过程、印刷色序及油墨叠印、胶印版的装卸、胶印机套准的调节等 17 个理论与工程训练模块，并形成虚拟仿真系统的重要设计单元。整个实习训练过程既是以这 17 个模块依次串联起来的，还可根据不同的竞赛训练要求或理论与实践课的定位差别来设计个性化的学习与考核任务。这些模块的学习与考核可以面向不同的群体，体现不同的层次与目标要求，把理论知识与实践技能的有机融合在实验项目中进行充分展现，并最终反映出对复合应用型实践创新人才的培养。

3. 平版胶印工艺虚拟仿真实践系统的先进性

本虚拟仿真实践项目是在 360 度全景拍摄真实印刷车间的基础上创建的虚拟场景，运用三维建模、动画等技术手段再现了海德堡四色胶印机的生产流程及关键技术环节，通过在虚拟场景中的参数设置和操作，能获得即时印刷效果，如同逼真的印刷生产过程。我校拥有该软件的自主知识产权，也是国内同类高校中第一个开发设计基于海德堡四色胶印机的印刷虚拟仿真实践系统。作为教育部"卓越工程师教育培养计划"试点专业、"双万计划"国家级一流本科专业、北京高校"重点建设一流专业"，专业将逐步搭建校际合作交流的实践平台，促进优势特色资源向其他高校开放，并辐射行业，培育创新卓越工程人才。

# 三、印刷工程创新人才培养模式的探索

1. 构建以学生为中心的基于虚拟仿真环境的自主式工程训练模式

随着新工科建设，各学校对实践教学环节更加重视，不断采购印刷相关先进加工设备，但是因实训内容增加而造成的实训操作时间缩短的矛盾日渐突出。因此，探索基于网络化的开放式教学模式，突破时间和空间的限制，实现以学生为中心、自主学习为基础的线上线下相结合、课上课下相结合的工程训练实践有着重要的现实意义。

教师布置学习任务后，学生以个人或者组为单位利用网络资源自主学习（集中或分散）。通过虚拟实验，学习工厂环境下的安全注意事项及完整实验工艺流程，掌握胶版印刷机的相关操作规程。

2. 开展以项目为引领，以本科教学改革创新为目标的新方式实践教学

通常，传统式教学体现在工程训练上是单一设备的学习和操作。以项目引领的教学模式则是通过项目牵引，以工艺为导向，在完成项目实验过程中，学生需要不断解决实验过程中出现的故障，才能最终完成实验要求。这种教学方法有助

于激发学习兴趣，挖掘学生创新潜能，培养主动探索精神和学习热情，提高学生的工程素养。

3.通过"虚实结合"学习和闯关式考核，培养学生工程实践创新能力

胶版印刷机实操作为工程训练不可或缺的教学科目，在工业生产中应用十分广泛。由于其相关设备体积大，分量重，操作过程耗材浪费率高，在实验室教学环境下很难达到满足理想教学要求的人机比，因此建设虚拟项目、实现虚实结合的教学模式十分必要。通过虚拟仿真系统面向实际胶版印刷机的仿真操作，学生在有较强的真实感和临场感环境中，可以更快地掌握胶版印刷机的操作，只依靠传统实训教学很难达到这样的效果。

通过线上虚拟操作，掌握胶版印刷机操作方法，在课上有更多时间进行实训，大大提高了实训效率，各组成员基本上可以直接操作胶版印刷机的各个环节，通过虚实结合，达到了更好的工程训练效果。

# 参考文献

[1] 张改梅，杨永刚，宋晓利，等.新工科背景下印刷包装工程综合训练平台建设的探讨与实践[J].包装工程，2019(12)：34-37.

[2] 吴光远，李效周，王鑫.新工科背景下印刷工程专业虚拟仿真教学的实践探索[J].教育现代化，2018(6)：173-175.

[3] 郭军红，崔锦峰，杨保平.新工科背景下虚实结合虚拟仿真实验项目的建设[J].实验技术与管理，2019(8)：119-123.

[4] 张传香，李蔚，朱新连，等.虚拟仿真系统在印刷工程专业实践教学改革中的应用研究[J].湖南包装，2017(12)：137-139.

[5] 李光，宋海燕，孙彬青，等.包装工程国家级虚拟仿真实验教学中心的建设与实践[J].包装工程，2019(12)：47-51.

[6] 王建华，符晗，孙志伟.新工科背景下包装设计虚拟仿真实践教学与创新平台的构建[J].湖南包装，2018(2)：114-117.

[7] 杜宝江，吕韦斌，林灵，等.基于虚拟样机技术的印刷系统仿真研究[J].信息技术，2015(7)：147-151.

[8] 张正健, 赵秀萍, 陈蕴智, 等. 构建虚拟仿真实验教学平台 培养创新应用型人才[J]. 印刷杂志, 2014(3): 59-61.

[9] 刘悦, 唐万有. 浅析虚拟仿真技术在印刷教学中的应用[J]. 今日印刷, 2011(5): 71-73.

# 第四节　创新创业

## 市级"一流专业"——印刷工程专业双创教育与协同育人机制的探索 [①]

杨永刚　杨珂　施亚梅　贾新苗

（北京印刷学院　印刷与包装工程学院）

**摘要：**印刷工程专业是北京印刷学院龙头专业，历史悠久，积淀深厚。本专业将以北京市"一流专业"建设试点为契机，探索双创教育与协同育人机制。本论文首先介绍了"四位一体"双创人才培养体系以及创新教育成果，接下来阐述了本专业与境内外机构的协同培养机制和资源共建、共享机制，为加强"一流专业"建设质量做好了铺垫。

**关键词：**一流专业；印刷工程；双创教育；协同育人；工程实践

## 一、创新创业教育融入人才培养体系和课程体系

我校印刷工程专业重视创新创业教育，一直以"双创教育要体现专业特色、双创主体要关注社会前沿、双创活动要结合行业所需"为指导思想，把创新创业教育融入人才培养体系，探索出"理论为创新、实践为创业"的模式。

1. 强化顶层设计，构建印刷工程专业"四位一体"双创人才培养体系

北京印刷学院建设大学生创新创业园、举办大学生创业沙龙、开展创新创业竞赛，加强双创教育顶层设计，完善双创制度管理。本专业以学校双创活动政策为指引，在培养方案修订、师资队伍建设和课程设置中都增添了双创的元素。为

---

① 资料来源：王关义."服务教学 促进发展"2017年度教师教学发展中心论文集[M].北京：文化发展出版社，2018。

进一步推进和落实双创教育，先后建有一批以学生实践能力培养为主的实践教学平台。如校外实习实践教育基地22个（含市级校外人才培养基地1个）、印刷工程综合训练中心（市级）、印刷包装综合创新实践教育基地（市级）和印刷电子工程技术研究中心（市级）等，构建了完备的产、学、研、用"四位一体"双创人才培养体系，为学生实践创新意识和能力提升奠定了坚实基础。

2. 实施"123"工程，加强过程指导，培育优秀双创教育成果

本专业力推1个教师要以至少2个创新创业项目为基点，指导不少于3个学生进行双创能力训练的"123"工程，从选题策划、素材准备、方案设计和成果论证等全过程进行跟踪和指导。在专业培养方案中，设置了"3D打印技术与应用""印刷与文化传播"等课程，使双创成果来源于课程，服务于课程。本专业依托融合有双创元素的课程体系，在学校大学生创新创业园的孵化下，学生的创新创业水平显著提升，创意主题日益鲜明，双创成果丰硕。其中，学生在第六届、第八届"挑战杯"首都大学生课外学术科技作品竞赛中表现出色，获得二等奖和三等奖若干个。由2014级卓越班学生在学校第二届"创意印"方案设计大赛中完成的作品"'寻梦青春·新醉红楼'夜光镂空书""3D立体地标卡通地图"参加2016年第五届大学生科技创新作品与专利成果展示推介会，分获金奖和铜奖。

# 二、印刷工程专业与境内机构的协同培养机制及资源共建、共享机制

印刷工程专业不断探求与境内的高校、企业及地方合作，联合办学，协同开展人才培养的新机制。同时，本专业与政府技术部门、协会、科技园区和企业深度合作，充分利用行政和社会资源，开创了多种方式的共建模式。

1. 注重专业交流与研究，开创高校之间、专业与地方、研究院所之间的人才协同培养新机制

2013年，本专业与杭州电子科技大学、天津科技大学印刷工程专业开展跨区域人才联合培养模式，实施学生互派（交换生）培养计划。学生交流学习，学分互认，开创了国内印刷包装类高校优质教育资源对接共享的先河。2016年，学校与地处大兴区的其他两所高校成立"京南大学联盟"，并与大兴区共同发布《京

南大学联盟服务大兴行动计划》，推进多方在人才培养和社会服务等方面的深度合作。

本专业积极参与2015年9月起北京地区普通高校首次实行的"实培计划"。主要包括毕业设计或毕业论文项目，项目或论文采取"双导师"制，优秀学生可进入中国科学院接受科研创新训练，为学生科研创新能力培养提供了新模式。近两年来，本专业与中科院力学所、遥感所和纳米中心等开展毕业设计合作项目11项，形成了良好的协同培养机制。

### 2. 创建特色班和人才培养优势平台，加强工程实践教育

"雅昌班"是北京印刷学院和雅昌文化集团战略合作中的校企联合培养人才项目。从2012年开始，面向印刷工程、包装工程、数字媒体技术等专业选拔学生进行实岗锻炼，定向培养。同时，实培计划中的科研训练计划深化项目也是通过学校与雅昌文化集团合作，强化学生实践能力训练，解决生产实际问题。

"毕昇卓越班"是印刷工程专业作为教育部卓越工程师教育培养计划试点专业后组建而成的，从2012年创办以来，已组建了5届，每届一个班。该类特色班注重加强学生印刷创新科技与工程实践相结合的能力培养，通过课程体系的改革、校外实践型师资队伍的配置和实习实践项目的开展来强化工程实践教育。

此外，学校与鹤山雅图仕、力嘉包装、北京今印联等行业知名企业建立了基于资源共享和学生创意设计能力培养的特色合作平台，为延伸印刷工程专业与境内机构的人才协同培养机制打下了坚实基础。

### 3. 专业与行业管理部门共建资源合作平台

国家广播电视总局出版产品质量监督检测中心绿色印刷检测实验室由北京绿色印刷包装产业技术研究院与广电总局出版产品质检中心共建，开展质检规范及标准制定、技术咨询与服务、质检专业人才培养等合作，推动首都印刷产业朝数字化、环保化的方向发展。目前，本专业学生以双创活动、课程实验和毕业设计等多种方式参与到共建实验室的各项研究及测试项目中，如印刷油墨、润版液和洗车水的VOCs排放检测项目等。

首都科技条件平台北京印刷学院基地是北京印刷学院与北京市科学技术委员会合作共建的研发实验服务基地。依托首都科技创新，校外企业"走进"基地和学校内部，达成合作意向，而高校通过开展的"百进千"活动，完成重点实验室与企业的需求对接，达到双赢。

### 4. 专业与协会、企业共建科研开发平台

中关村开放实验室由北京印刷学院与中关村科技园区共建，学校提供测试力量及资源，园区提供政策和市场扶持，开创了北京市属高校与园区合作的范例。该实验室拥有先进设备，可检测和分析印刷与包装材料、信息技术材料的性能。目前，实验室为清华大学、北京理工大学、哈尔滨工业大学和方正集团等提供了优质测试服务。

中国油墨研究中心由北京绿色印刷包装产业技术研究院与中国轻工业协会油墨分会共建，联创佳艺 & 北印联合实验室由本专业与北京联创佳艺影像新材料有限公司合作共建。两者均利用本专业在油墨科技创新领域的领先地位和先进的检测设备，为行业企业提供检测、研究服务，制定绿色油墨标准等。目前，本专业学生通过市校两级大学生研究计划项目以及毕业设计等参与各种 UV 油墨、水性凹印墨、UV 喷墨油墨、UV 无水胶印墨和荧光喷墨油墨等的研制和成果转化，提升了学生的创新创业水平，有力保障了人才培养质量的稳步提高。

# 三、印刷工程专业的国际联合培养与资源共建机制

顺应教育国际化趋势，学校积极拓展从师生短期互访到联合培养等多方面、多层次对外交流与合作机制。在国际化人才培养模式的实践探索中，坚持"具有学科专业特色的高素质国际化人才"培养理念，坚持内涵建设与外延扩张相结合，"走出去"与"请进来"相结合，教师国际化素质提升与人才培养模式创新并重，聚集国内外印刷教育要素与资源，营造有利于协同育才的国际人才成长环境。

### 1. 拓展视野，探索国际化人才培养的新模式

不断完善双语及英语授课的课程，积极开拓与境外国家、地区的校际交流项目，探索国际化人才培养的新模式，为实施"走出去"战略夯实基础。在"一带一路"的建设中，学校利用多年为亚洲国家培养印刷师生所建立的良好声誉，积极谋划设立针对"一带一路"国际生的培养规划和师资人才储备，打造国际品牌，获得"一带一路"国家的高度赞扬。国际联合培养模式使学生拓宽了知识面，留学生数量逐年增加，加强了"一带一路"学术与文化交流。通过联合培养，向海外传播中华文化，进一步提升了办学水平，扩大了本专业的国际声誉。

2.建立外培交流制度，选派优秀学子前往境外学习

2013 年，学校制定了《出境奖学金评选办法》《短期出国交流学生管理规定》《北京印刷学院学生赴国（境）外交流学习、联合培养管理办法（试行）》及留学生招生、培养等方面的规章制度。

2012 年，学校与台湾艺术大学签订协议书，每年选拔 4 名本专业学生前往该大学交换学习 1 年，学分互认。同年，学校与中教国际教育交流中心签订《1+2+1 中美人才培养计划》，每年选派一定数量的学生赴美国合作院校完成一定时间的学习，可获两校学位证书。当年，本专业 1 名学生赴美国加州州立大学学习。此外，学校还与美国鲍尔州立大学、罗切斯特理工学院、英国伦敦艺术大学、德国斯图加特媒体大学、日本千叶大学、瑞典林雪平大学、莫斯科国立印刷艺术大学、印度 Guru Jambheshwar 科技大学等签订了合作协议，稳步推动国际化人才培养。

3.用足国际合作资源，提高专业示范性和影响力

2015 年 11 月，学校与国际合作单位瑞典林雪平大学，日本千叶大学和瑞典造纸、印刷与包装技术研究院等联合申报的"绿色印刷与出版技术国际科技合作基地"获科技部认定，为国际人才培养、科技合作、资源共享和人员素质提升提供了良好的平台。

印刷工程系与美国爱色丽公司在印刷工程专业实验室建立了爱色丽颜色实验室与培训中心，利用印刷工程专业先进的测色设备和色彩管理及评价手段进行印前输出设备颜色的校正及印刷图像产品的颜色复制效果评价，为亚洲国家的印刷技术人员提供了有关颜色测量与色彩管理技术培训基地及交流平台。利用该实验室的资源，本专业完成了国产油墨配色系统数据库的建立。一方面提升了学生的科研能力；另一方面也很好地服务行业，扩大了专业的辐射示范效应。

4.打牢合作根基，拓展合作资源与模式

本专业与荷兰 IGT 公司建立了合作关系，建立了 IGT 印刷适性实验室，成为 IGT 在亚洲乃至世界设备最齐全、历史最悠久的印刷适性仪器及技术培训中心。该实验室一方面为 IGT 做亚洲用户培训平台，另一方面成为印刷专业核心课"印刷原理及工艺""印刷材料"等课程重要的教学和科研平台。依托 IGT 印刷适性实验室，完成了对纸张、油墨等印刷适性的测试，为制定纸张、油墨以及印刷过程控制相关的国际、国家以及行业标准和新技术研发提供了良好的基础。

　　此外，本专业正启动印刷微课建设项目，从汉语微课向英语以及德语、日语课程扩展，有计划地构建优质资源全球共享体系，以多途径和丰富的手段共享印刷教育的优质资源。

## 参考文献

[1] 王晓骞. 大学生"双创"教育及"双创型"人才培养模式研究[J]. 现代交际, 2017(10): 1.

[2] 李帛倪, 刘恬甜, 刘泽. 高校"双创"教育的思考探讨[J]. 中国培训, 2017(6): 122.

[3] 傅许坚. 应用型本科院校人才培养与双创教育的耦合与路径[J]. 吉首大学学报, 2016(6): 168-171.

[4] 蔡志奇. 应用型本科协同育人模式多样化刍议[J]. 教学研究, 2014(7): 5-8.

[5] 吴御生. 高校校企协同育人路径探究[J]. 黑龙江教育, 2014(6): 74-76.

[6] 金祥雷, 赵继. 推进高校与科研院所合作 构建科教协同育人平台[J]. 中国大学教学, 2013(5): 21-22.

# 实施"红绿蓝"工程，打造"艺工融合"印刷包装双创新高地 ①

杨永刚　杨珂

（北京印刷学院　印刷与包装工程学院　北京　102600）

**摘要**：创新创业是促进我国经济社会发展的强大新动能，中国高校在广泛持久地开展创新创业教育。本文首先从管理架构构建、资源建设和实践活动开展阐述了我校印刷与包装工程学院创新创业的基本情况。其次总结了学院创新创业工作的三个特色和亮点工作。最后指出了印包学院未来双创工作的目标与发展思路。

**关键词**：创新；创业；特色；印刷包装；思想政治教育

为了构建普惠性政策扶持体系，推动资金链引导创业创新链、创业创新链支持产业链、产业链带动就业链，2015 年 6 月 11 日，国务院印发《国务院关于大力推进大众创业万众创新若干政策措施的意见》（国发〔2015〕32 号）。2018 年 9 月 26 日，国务院又发布了《国务院关于推动创新创业高质量发展 打造"双创"升级版的意见》（国发〔2018〕32 号），强调要坚持新发展理念，强化大学生创新创业教育培训，持续推进创业带动就业能力升级。这说明，高校的双创教育工作仍在继续推进，力度会更大，方向会更明确，目标会更具体。

印刷与包装工程学院（以下简称"印包学院"）的印刷工程、包装工程是学校的三大特色学科及专业之一，在学校创新创业政策的引导下，全院师生积极作为，立足印刷包装发展的科技前沿，深挖内涵，凝练特色，不断探索与开展具有本学科专业背景的创新创业活动。"红绿蓝"本是印刷色光的三原色，也是印刷人的标签和特质。借用"红绿蓝"颜色概念，把"红色"寓意为中华悠久印刷文明和红色印刷文化，"绿色"寓意为数字化的绿色印刷和智能化的绿色包装，"蓝色"寓意为蓝海战略，即价值创新和新需求创造，是创新创业和特色发展的基石。

① 资料来源：教育现代化，2019（95）：96-97.

因此，"红绿蓝"工程是指以中华悠久印刷文明和红色印刷文化传承为使命，以新时代绿色印刷和绿色包装发展为载体，以持续推进创新创业教育为目标，以文化人、以德育人，培养有创新意识和能力、有创业思维和潜质的复合应用型人才。实施"红绿蓝工程"，就是要以学校"创意设计 艺工融合"为方向，以传承中华印刷文明和红色印刷文化为己任，以推进实施绿色印刷和绿色包装发展为突破口，加强顶层设计，精准实施，着力建设好印包学院特色双创基地，培养具有社会责任感、创新精神、实践能力的创新创业人才。

# 一、学院双创基本情况

### 1. 建立管理架构，统筹推进双创教育教学工作

印包学院于 2011 年成立了印刷包装综合创新实践基地，以此推进二级学院在实培计划、市级大学生科研计划、国家级创新创业训练项目以及各类学科竞赛等方面的双创活动，并组建了有关管理架构和若干个分中心，为分层次、分类开展双创教育教学创造了有利条件。2013 年，又成立了"印刷包装虚拟仿真实验教学中心"，由其承担课外科技创新及虚拟仿真开发实验，纳入印刷包装综合创新实践基地统一管理。经过五年的建设与发展，基地于 2016 年成功入选"北京市示范性校内创新实践基地"，提高了站位，拓宽了视野，为开展校际间的交流和资源互补，并进一步强化基地的示范辐射效应奠定了坚实基础。2018 年 1 月，为做大做强包装设计与智能包装的创新实践，印包学院在印刷包装综合创新实践基地的框架下，引入企业资源，与北京吾尚国际文化传播有限公司联合共建"包装双创设计中心"。

基地围绕"印刷、包装工程创新型人才培养"的目标，坚持"面向行业、注重特色；专属环境、平台共享；突出创新、项目驱动；开放共享、自主管理"的原则，通过探索高校创新型人才培养有效模式，构建学生自主实践的平台及长效机制，为培养学生的自主创新能力和创新意识营造了良好的环境和氛围。

### 2. 加强资源建设，保障基地正常运行与教学服务

印刷包装综合创新实践基地主要集中在教 D 楼、教 E 楼和研究院三个区域，使用面积超过 2500m²，可用于双创教学活动的设备台套数超过 2300 套（件），主要面向印刷工程（国家级特色建设专业、教育部卓越工程师教育培养计划专业、

北京市一流专业）、包装工程（市级特色建设专业、校级优势建设专业）、高分子材料与工程及校内设计、数字媒体技术等方面的本科专业开展双创教学实践活动和创新型人才培养。基地每年接待的学生数超过 2000 人次，开展的创新学时数共达 6 万以上。

基地配置了印前图文设计、印前图文信息采集与处理、数字媒体设计、颜色测量与色彩管理、印刷输出打样、印刷材料适性测试、纸张测试、油墨测试、印刷电子材料制备与测试、3D 打印材料开发与测试、生物印刷材料开发与测试以及包装装潢设计、包装结构设计、包装材料测试、包装制作、包装测试、功能包装材料开发、智能包装器件开发与测试、各类虚拟仿真实验平台等方面的设备资源。

印刷工程成功入围北京市一流专业，包装工程已开展了两年的校级优势建设专业的建设任务，并在整个印包学院物理空间规划与调整下，基地的资源建设必将得到进一步增强，服务实践教学与双创人才培养的能力必将显著提高。

3. 做实创新实践活动，提高创新型人才培养质量

以创新基地为依托，近五年来，印包学院持续开展与参加国内外印刷技能大赛、国内外包装设计大赛、国内高分子材料与化工原理创新创业大赛、中国"互联网+"大学生创新创业比赛、"挑战杯"大学生竞赛、"创青春"全国大学生创业大赛和企业冠名大赛等赛事（如"济丰杯""特耐王杯""顺丰杯""京东物流杯""艾利发明奖"等）以及校内创新实践活动（如大学生科技节、创意印、包装基础技能大赛等），学生创新意识和创新创业能力有较大程度的提升。

自从 2015 年以来，印包学院学生在省部级及以上双创实践活动中取得了优异的成绩，共获得 249 个奖项，其中国际级竞赛获奖 6 项、国家级竞赛获奖 51 项、省部级和行业竞赛获奖 192 项。学生负责实培计划项目 35 项，在国内外学术刊物上公开发表论文 43 篇，参与申请中国专利 12 项。

# 二、双创工作特色及亮点

随着创新创业教育教学活动的开展，印包学院双创工作逐步形成了如下特色。

1. 以虚实相结合的实训环境提升学生实践动手能力

依托印刷工程综合训练中心（市级），结合印刷品生产工艺过程，以学生顶

岗操作为教学手段，实施模块化实践教学；依托中央财政资金支持地方高校建设，继续强化虚拟仿真实验资源的建设。虚实相结合的实训环境逐步建成，提升了学生实践动手能力。

2. 以科研实践增强学生自主创新能力

依托北京市印刷包装材料与技术实验室、北京市印刷电子工程技术研究中心、北京绿色印刷包装产业技术研究院和北京印刷学院大学科技园等一系列市级平台，开展国家级双创训练项目、北京市实培计划项目和大学生科研计划项目，在指导老师课题组的学术氛围中，逐渐增强学生的自主创新能力。

3. 以双创活动带动思政教育，激发学生爱校爱专业的荣誉感

通过参与国内外各类学科、科技、创新创业等竞赛，培养学生自主学习的兴趣和团队协作意识。把思政教育融入创新创业教学活动中，以优异的参赛成绩，进一步激发学生爱校、爱专业的荣誉感和对印刷包装行业的认同感。

在传承印刷文化、创新绿色数字印刷与智能包装的进程中，坚持内涵与特色发展，印包学院的双创工作凸显出了亮点与成效。2015 级印刷工程专业的刘佳琪、乔锐、朱雪慧的作品"Printy"获得了第六届全国高校数字艺术设计大赛交互式 App 电子书设计大赛二等奖；2014 级包装工程专业的叶芯怡、陈晓晴首次获得"世界学生之星"奖，这是该奖项学生组的最高奖。同时，在毕业前夕，叶芯怡的"自然港艺术体验项目"成为北印大学生创新创业园孵化项目，并成立独立运营公司。2018 年 5 月 25 日，在第五届北京大兴西瓜创意美食节上，叶芯怡代表自然港与大兴区旅游协会签署了战略协议，进行深度资源对接，为未来大兴区旅游发展注入活力。

# 三、未来工作目标与发展思路

印包学院纳入学校整体双创基地建设的特色双创基地主要分成两个板块：基于"创意印"的印刷创新实践与培训中心、基于创意设计培训与真题真做的包装设计双创中心。学院将以开展"双创"教育为抓手，探索我院人才培养方案的改革，进一步研究新工科背景下双创教育与专业教育的有机融合，面向行业，坚持内涵发展与特色发展，突出立德树人，将双创意识与能力的培养贯穿到人才培养的全过程。

对于印包学院而言，要鼓励师生协作、校企合作，大胆开拓思路，不仅在教学科研中积极寻找创新创业的种子，并要矢志不渝地探索科技创新成果落地转化的条件，使科研更有价值、使创新更有不竭的动力。同时，二级学院要在学校发展思路指引下，积极配合团委和相关职能部门，要想在前面，做在实处，努力做好各项服务和教育培训工作，配套相关政策措施，为师生的双创活动保驾护航，积极孵化有特色、创新性强的项目，转化有市场价值的科技成果，引导成熟项目开展创业，使印刷包装领域的双创活动实现真正升级，人才培养与就业关联更为紧密，达到更充分的就业。

# 参考文献

[1] 张改梅, 杨永刚, 左晓燕, 等. 行业特色高校校内创新实践基地建设的探讨[J]. 高教学刊, 2016(7): 65-66.

[2] 任佳, 王杰, 梁勇. 北京高校校内创新实践基地建设分析探讨[J]. 实验技术与管理, 2014(8): 222-224.

[3] 张永琴. 论我国高校创新创业实践基地建设研究的方向[J]. 文化创新比较研究, 2018(8): 114-118.

[4] 辛洪涛, 范宪文, 王唯一. 我国校内创新创业实践基地建设研究的现状、问题及方向[J]. 中国校外教育, 2017(12): 181-182.

[5] 刘晓晓, 吴继娟, 付立新, 等. 浅析校内实践基地建设的探讨[J]. 湖北函授大学学报, 2017(3): 14-15.